无糖 无黄油 无鸡蛋 的 素食烘焙

|彭依莎 ❤ 主编|

U0388195

黑龙江科学技术出版社
HEILONGJIANG SCIENCE AND TECHNOLOGY PRESS

图书在版编目（CIP）数据

无糖无黄油无鸡蛋的素食烘焙 / 彭依莎主编 . -- 哈
尔滨：黑龙江科学技术出版社，2018.9
ISBN 978-7-5388-9712-8

Ⅰ . ①无… Ⅱ . ①彭… Ⅲ . ①烘焙 – 糕点加工 Ⅳ .
① TS213.2

中国版本图书馆 CIP 数据核字 (2018) 第 114635 号

无 糖 无 黄 油 无 鸡 蛋 的 素 食 烘 焙

WU TANG WU HUANGYOU WU JIDAN DE SUSHI HONGBEI

作　　者	彭依莎
项目总监	薛方闻
责任编辑	梁祥崇
策　　划	深圳市金版文化发展股份有限公司
封面设计	深圳市金版文化发展股份有限公司
出　　版	黑龙江科学技术出版社

地址：哈尔滨市南岗区公安街 70-2 号　邮编：150007

电话：（0451）53642106　传真：（0451）53642143

网址：www.lkcbs.cn

发　　行	全国新华书店
印　　刷	深圳市雅佳图印刷有限公司
开　　本	723 mm × 1020 mm　1/16
印　　张	10
字　　数	120 千字
版　　次	2018 年 9 月第 1 版
印　　次	2018 年 9 月第 1 次印刷
书　　号	ISBN 978-7-5388-9712-8
定　　价	39.80 元

目录

第六章

素食派和挞

第七章

尝试用素食点心当早餐

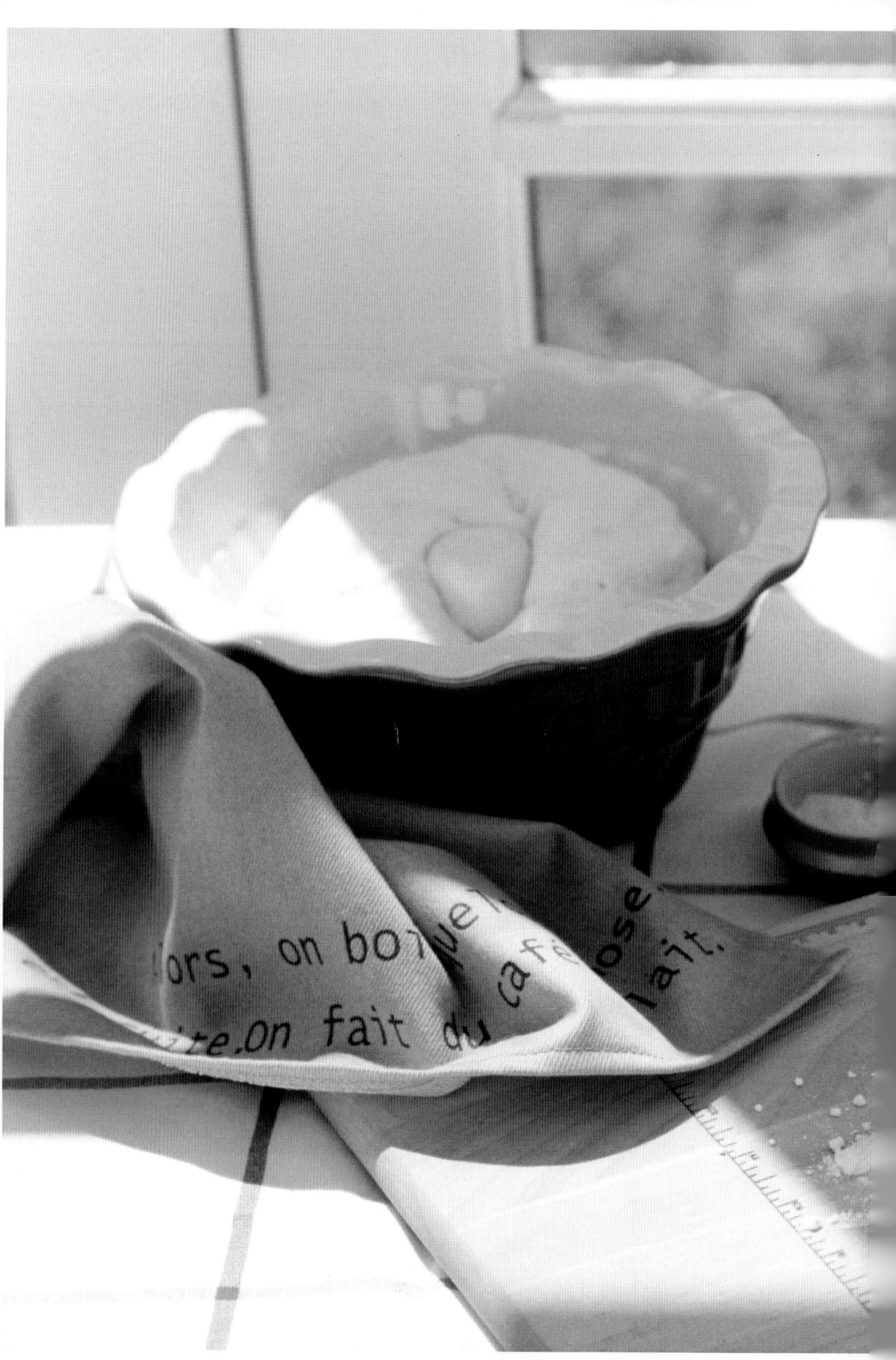
ors, on bo
te.On fait du
lait.

第一章

制作素食烘焙的基础知识

让人有些吃惊的素食烘焙美食，
自己在家就能制作。
想知道素食烘焙需要做哪些准备？
制作过程的答疑解惑，尽在本章！

素食烘焙的工具

烤箱

烤箱是十分常见的家用电器，可以用于烘焙多种食物。本书中的烤箱温度、烘焙时间仅供参考，实际烘烤温度、烘焙时间需要根据自家烤箱的实际情况进行调节。

油纸、油布

油纸可以防止制作的烘焙食品粘在烤盘上，其优势在于价格便宜，一次使用后无须清洗。而油布可以反复多次使用，防粘的效果更佳。铺上油纸或油布可延长烤盘的使用寿命。

擀面杖

擀面杖用于面团的整形，可以将面团擀薄、擀扁，也可以将湿软的食材压成泥，或者将干果碾碎，是制作烘焙产品的必备工具。

刮板

刮板用于分割面团和面团整形，可以轻而易举地刮掉粘在操作台上的材料，也可以将生坯移入烤盘。使用刮板移动生坯，生坯的造型不会被破坏，制作过程更流畅，成品的造型更漂亮。

保鲜膜

保鲜膜用于将制作好的面团封住，或者贴在操作台上防止材料损耗，是烘焙中常用的工具。使用保鲜膜擀出的面皮表面光滑，制作出的烘焙产品更加美观。

橡皮刮刀

橡皮刮刀用于搅拌，可以快速将粉类与液体材料混合均匀，是烘焙产品制作过程中必不可少的工具之一。

电子秤

电子秤用于称量材料。制作烘焙食品需要材料的质量精准，以保证制作的产品口感和造型达到最佳。尤其是一些液体材料与干性材料配比，如果不严格称量，很有可能导致制作失败。

手动打蛋器

手动打蛋器用于材料的搅拌。在制作产品时，材料分量较少的情况下，使用手动打蛋器可以快速拌匀材料，是常用的烘焙工具之一。

电动打蛋器

电动打蛋器和手动打蛋器有相同的作用，可以快速拌匀材料，相比手动打蛋器更加方便省力，适合没有烘焙基础的人使用。

裱花袋、裱花嘴

裱花袋用于将制作好的面糊挤入容器中，配合裱花嘴可以做一些简单的造型。裱花袋的优点是可以将面糊快速挤入相应的模具或容器，且不弄脏手或台面。

筛网

筛网用于过筛粉类。由于粉类放置过久会吸收空气中的水分凝结成块，所以需要用筛网筛过后才能使用，否则结块在搅拌的过程中是无法被搅散的，会影响成品的口感。

刀

刀用于切割面皮或面团，适用于切薄片、条等。在制作烘焙产品的整形阶段常用到。最好选用刀刃锋利的刀，这样切割的面皮、饼坯形状更漂亮，口感更好。

素食烘焙的材料

粉类

本书中的粉类有各种筋度的面粉、全麦面粉、杏仁粉等。粉类是必不可少的烘焙材料，在稍大的超市就能买到本书中所使用的粉类。在不同的产品中，粉类材料所占的比例是不同的。

甜味剂

本书中的甜味剂采用了天然散发甜味的食品——蜂蜜和枫糖，两者都是从植物中提取的，有着天然的香味，对人体有益。

凝结剂

本书中的凝结剂包括吉利丁、琼脂等。凝结剂主要用于制作挞馅、慕斯蛋糕和布丁果冻。用琼脂做出的产品较用吉利丁做出的更有嚼劲，用吉利丁做出的产品则比用琼脂做出的口感更细腻。

膨胀剂

由于本书中的蛋糕全部采取了无鸡蛋配方，所以需要使用像小苏打、泡打粉这样的膨胀剂，使蛋糕体膨胀。而面包需要用到酵母粉发酵。不同的膨胀剂效果不同。

蔬菜

为了使产品的口味更丰富，本书中使用了不同的蔬菜，这些蔬菜主要是含水量较少、纤维素较多的。蔬菜在素食烘焙中呈现出独特的风味。

豆制品

豆制品在素食烘焙中是必不可少的食材。本书中用到的豆浆、豆腐、黄豆等，可以做出类似于奶油的豆腐奶油等。

调味料

本书中有许多为增添风味而添加的调味品，例如盐、胡椒粉等，调味品的调剂可以使素食烘焙更美味，让人更有食欲。

酒

少量的酒可以去除豆制品中的腥味，或者是提升产品的风味。在配方中酒的用量都不多，所以不用担心对身体有不良影响。

油

本书使用的油都是植物油，其中有橄榄油、大豆油、花生油等，用植物油代替了黄油。天然的植物油对于人体有益，可使素食烘焙更美味、更健康。

巧克力

本书中采用的是天然可可脂制作出的黑巧克力。使用黑巧克力是为了避免使用到牛奶巧克力中的牛奶成分。

干果、果干类

干果和果干可增加产品的口感。像是核桃、开心果有独特的香气，香脆可口；蔓越莓干、葡萄干，口味酸甜，有嚼劲。干果、果干可以使素食烘焙产品的滋味更丰富。

水果

除了蔬菜外，素食烘焙中还选用了许多含水量比较少的水果，用于制作出不同口味的产品。水果富含丰富的维生素C，对身体有益，且水果有天然的甜味，可以给产品增添独特的风味。

素食烘焙的问题答疑

问：**素食烘焙与普通烘焙有什么区别?**

答：素食烘焙不添加黄油、鸡蛋、牛奶等动物性材料，非常容易消化，孩子们也可以放心食用。另外，其非常适合食素人群和减肥人群。

问：**在口感上，素食烘焙和普通烘焙有什么区别?**

答：素食烘焙更多地保留了食材的原始风味，并且有着不油腻、清爽可口等特点，大大降低了食物的油腻感，适合喜好清淡食物的人群。

问：**没有使用鸡蛋，蛋糕能够膨胀吗?**

答：可以。在蛋糕配方中，我们使用香蕉、南瓜这样的食品来替代鸡蛋的湿性成分；为增加蓬松感，我们会使用发酵粉和小苏打，但是，一定要控制使用的量，如果不慎放多，有可能出现肥皂味或者苦味。

问：**没有糖，这本书中的产品是不是全部不甜呢?**

答：本书采用的甜味剂是枫糖浆和蜂蜜，都是天然材料。需要注意的是，蜂蜜和枫糖浆有特殊的香气，另外，枫糖浆的含水量比较大。如果希望增加甜味或者减少甜味，可调整产品配方中湿性材料和干性材料的比例。

问：**巧克力是素食材料吗?**

答：本书所采用的都是不含牛奶的黑巧克力，是从天然的植物中提取加工而成的，是素食材料。黑巧克力浓郁的口感和豆奶或者椰浆结合后别具风味。

问： **为什么要在甜味产品中添加盐？**

答： 在甜味产品中添加少量的盐可以凸显甜味。由于是素食烘焙，书中的甜味剂使用的量都不大，使用盐凸显甜味就更加重要。在有些食材本身含盐的情况下，烘焙产品配方中会省略盐。

问： **在素食烘焙中，柠檬汁的作用是什么？**

答： 柠檬汁可以帮助酵母粉和苏打粉更好地发挥作用，也可以中和两种材料，使产品的滋味和口感达到最佳。

问： **烤出的蛋糕非常硬，一点也不松软，这是为什么？**

答： 这是由于产品制作过程中搅拌过度，形成了面筋，因此产生这样的状况。在制作松饼或蛋糕时，搅拌速度要快，只要到没有干粉的程度就可以停下。过度搅拌不能使面糊更细腻，反而会让烘烤后的蛋糕像石头一样硬。

问： **面包吃上去像饼，非常硬，这是为什么？**

答： 这是由面团发酵不成功导致的。新手可能无法判断面团发酵的状态。在面团整形过程中，过度揉后不松弛的面团也有可能导致发酵失败。

问： **希望做出的产品柠檬味、橙味、香草味更重，应该怎么做？**

答： 要想使做出的产品柠檬味、橙味更重，我们可以考虑往产品中增添柠檬、橙子的果皮，因为这类水果的香气主要藏在果皮中。而要想使做出的产品香草味更重，我们可以选择使用香草荚，为了香味更浓，可以将香草荚剪得细碎添加在产品中。

第二章

纯素食材能做出的美味饼干

酥脆的饼干受到大众的追捧，
它是美味的烘焙点心。
纯素食材也能让饼干很好吃，
快来试一试！

豆浆巧克力豆饼干

烤箱预热：180℃
烘烤时间：10 分钟
分量：2~3 人份

材料

饼干体：

亚麻子油 30 毫升，豆浆 25 毫升，枫糖浆 40 克，盐 1 克，低筋面粉 103 克，泡打粉 1 克，苏打粉 2 克，核桃仁碎 30 克，巧克力豆（切碎）40 克

步骤

1 将亚麻子油、豆浆、枫糖浆、盐倒入搅拌盆中，用手动打蛋器搅拌均匀。

2 将低筋面粉、泡打粉、苏打粉过筛至搅拌盆中。

3 用橡皮刮刀翻拌至无干粉的状态。

4 倒入巧克力豆、核桃仁碎，继续翻拌均匀，制成饼干面团。

5 将饼干面团分成每个质量约 30 克的小面团，再用手揉成圆形。

6 将圆形的小面团压扁，制成饼干坯，将其放在铺有油纸的烤盘上。

7 将烤盘放入已预热至 180℃的烤箱中层，烤约 10 分钟至饼干坯表面上色。

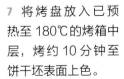

8 待烘烤完成后，取出烤好的饼干，装入盘中即可。

牛油果燕麦饼干

材料

亚麻子油 40 毫升，牛油果泥 50 克，蜂蜜 40 克，柠檬汁 2 毫升，盐 0.5 克，低筋面粉 60 克，泡打粉 1 克，苏打粉 1 克，肉桂粉 1 克，椰子粉 2 克，蔓越莓干 30 克，碧根果仁碎 30 克，即食燕麦 60 克

步骤

1 将亚麻子油、牛油果泥、蜂蜜、柠檬汁、盐倒入搅拌盆中，用手动打蛋器搅拌均匀。

2 将低筋面粉、泡打粉、苏打粉、肉桂粉筛至搅拌盆里，倒入椰子粉，用橡皮刮刀翻拌至无干粉的状态。

3 倒入蔓越莓干、碧根果仁碎、即食燕麦，翻拌均匀，制成光滑的饼干面团。

4 将饼干面团分成每个质量约 30 克的小面团，用手揉搓成圆形，再压扁，制成饼干坯，放在铺有油纸的烤盘上。

5 将烤盘放入已预热至 180℃的烤箱中层，烤约 10 分钟至上色，即成牛油果燕麦饼干，取出烤好的牛油果燕麦饼干，放凉后即可食用。

土豆蔬菜饼干

烤箱预热：160℃
烘烤时间：20 分钟
分量：2~3 人份

材料

熟土豆 60 克, 盐 0.5 克, 枫糖浆 30 克, 黑胡椒碎 0.5 克, 大豆油 22 毫升, 豆浆 15 毫升, 低筋面粉 90 克, 苏打粉 1 克, 西蓝花（切碎）22 克

步骤

1 将熟土豆装入搅拌盆中，用擀面杖捣碎，加入盐、枫糖浆、黑胡椒碎，搅拌均匀。

2 倒入大豆油、豆浆，搅拌均匀。

3 将低筋面粉、苏打粉筛至搅拌盆中，用橡皮刮刀翻拌至无干粉的状态。

4 倒入西蓝花碎，用手按压均匀，制成饼干面团。

5 将饼干面团从搅拌盆中取出，放在铺有保鲜膜的料理台上，用擀面杖将面团擀成厚度为 5 毫米的面皮。

6 用圆形模具在面皮上按压出数个饼干坯，再用叉子在饼干坯上戳出透气孔。

7 将饼干坯放在铺有油纸的烤盘上，移入已预热至 160℃ 的烤箱中层，烤约 20 分钟，取出烤好的饼干即可。

烤箱预热：180℃
烘烤时间：10 分钟
分量：2~3 人份

夏威夷可可饼干

材料

豆浆 25 毫升，亚麻子油 30 毫升，枫糖浆 40 克，盐 0.5 克，全麦面粉 70 克，泡打粉 1 克，苏打粉 0.5 克，蔓越莓干 30 克，夏威夷果仁 30 克，可可粉 15 克

步骤

1 将豆浆、亚麻子油、枫糖浆、盐倒入搅拌盆中。

2 用手动打蛋器将材料搅拌均匀。

3 将全麦面粉、泡打粉、苏打粉筛至搅拌盆中，用橡皮刮刀翻拌至无干粉的状态。

4 倒入可可粉，继续翻拌均匀。

5 加入夏威夷果仁、蔓越莓干，用手揉成饼干面团。

6 将饼干面团分成每个质量约 30 克的小面团，用手搓圆，再压扁，制成饼干坯，放在铺有油纸的烤盘上。

7 将烤盘放入已预热至 180℃的烤箱中层，烤约 10 分钟至饼干上色，取出烤好的饼干，装入盘中即可。

烤箱预热：180℃
烘烤时间：10 分钟
分量：2~3 人份

蓝莓花生饼干

材料

蜂蜜 60 克，亚麻子油 30 毫升，花生酱 50 克，低筋面粉 70 克，苏打粉 1 克，蓝莓酱 15 克

步骤

1 将蜂蜜、亚麻子油、花生酱倒入搅拌盆中，用橡皮刮刀搅拌均匀。

2 将低筋面粉、苏打粉筛至搅拌盆里，翻拌至无干粉的状态，制成饼干面糊。

3 将饼干面糊装入裱花袋中，用剪刀在裱花袋尖端处剪一个小口，在铺有油纸的烤盘上挤出圆形面糊，用小勺子轻轻将面糊的中心压出一个凹槽。

4 将蓝莓酱装入另一个裱花袋中，用剪刀在裱花袋的尖端处剪一个小口，然后再将其挤在面糊凹槽内，制成饼干坯。

5 将烤盘放入预热至 180℃ 的烤箱中层，烤约 10 分钟，取出烤好的饼干，装入盘中即可。

无花果燕麦饼干

烤箱预热: 180℃
烘烤时间: 20 分钟
分量: 2~3 人份

材料

亚麻子油 30 毫升，蜂蜜 30 克，盐 0.5 克，碧根果仁粉 15 克，燕麦粉 35 克，低筋面粉 50 克，泡打粉 1 克，无花果干（对半切开）适量

步骤

1 将亚麻子油、蜂蜜、盐放入搅拌盆中。

2 用手动打蛋器将材料搅拌均匀。

3 将碧根果仁粉、燕麦粉倒入搅拌盆中，用手动打蛋器搅拌均匀。

4 将低筋面粉、泡打粉筛至搅拌盆中。

5 用橡皮刮刀翻拌至无干粉的状态，制成光滑的饼干面团。

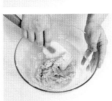

6 将饼干面团分成每个质量约 20 克的小面团，揉成圆形。

7 将圆形小面团压扁后放在铺有油纸的烤盘上，再将无花果干分别按压进面团里，制成饼干坯。

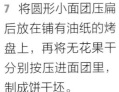

8 将烤盘放入预热至 180℃的烤箱中层，烤约 20 分钟，取出烤好的饼干，装入盘中即可。

杏仁薄片

材料

亚麻子油 15 毫升，枫糖浆 40 克，豆浆 25 毫升，香草精 2.5 克，盐 0.5 克，杏仁碎适量，低筋面粉 30 克，泡打粉 0.5 克

步骤

1 将亚麻子油、枫糖浆、豆浆倒入搅拌盆中，搅拌均匀。

2 倒入香草精、盐、杏仁碎，搅拌均匀。

3 将低筋面粉、泡打粉筛至搅拌盆中，用橡皮刮刀翻拌至无干粉的状态，制成饼干面糊。

4 用勺子舀起一勺制好的饼干面糊，放在铺有油纸的烤盘上，再用勺子轻轻修整饼干面糊的形状，制成饼干坯。用此方法将剩余面糊制成饼干坯。

5 将烤盘放入已预热至 170℃ 的烤箱中层，烤约 10 分钟，取出烤好的饼干，装入盘中即可。

豆浆坚果条

材料

枫糖浆 30 克，亚麻子油 15 毫升，豆浆 30 毫升，低筋面粉 40 克，泡打粉 1 克，椰子粉 15 克，夏威夷果仁 40 克

步骤

1. 将枫糖浆、亚麻子油、豆浆倒入搅拌盆中，搅拌均匀。
2. 将低筋面粉、泡打粉筛至搅拌盆里，倒入椰子粉，用橡皮刮刀翻拌至无干粉的状态。
3. 倒入夏威夷果仁，搅拌均匀，制成饼干面团。
4. 将饼干面团放入铺有油纸的模具中。
5. 将模具放入已预热至 180℃ 的烤箱中层，烤约 15 分钟至上色。
6. 取出烤好的豆浆坚果饼干，脱模后用刀分切成条，装入盘中即可。

豆浆肉桂碧根果饼干

烤箱预热：180℃
烘烤时间：20 分钟
分量：2~3 人份

材料

亚麻子油 30 毫升，枫糖浆 30 克，豆浆 28 毫升，肉桂粉 1 克，香草精 2 克，盐 1 克，低筋面粉 90 克，泡打粉 1 克，碧根果仁粉 10 克，碧根果仁碎 15 克

步骤

1 将亚麻子油、枫糖浆、豆浆、肉桂粉、香草精、盐倒入搅拌盆中。

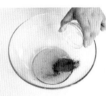

2 用手动打蛋器将材料搅拌均匀。

3 将低筋面粉、碧根果仁粉、泡打粉筛至搅拌盆里，以橡皮刮刀翻拌均匀。

4 倒入碧根果仁碎，继续翻拌，制成面团。

5 取出面团，揉成圆柱状，放在铺有油纸的烤盘上。

6 将烤盘放入已预热至 180℃的烤箱中层，烤约 10 分钟。

7 取出烤至定型的面团，放至表面还有余温时，用刀切成大小一致的块状。

8 再将烤盘放回已预热至 180℃ 的烤箱中层，烤约 10 分钟即可。

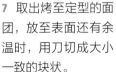

豆浆榛果布朗尼脆饼

烤箱预热：170℃
烘烤时间：35 分钟
分量：2~3 人份

材料

亚麻子油 30 毫升，枫糖浆 30 克，豆浆 30 毫升，盐 0.5 克，低筋面粉 75 克，可可粉 15 克，泡打粉 1 克，苏打粉 0.5 克，榛果仁碎 15 克

步骤

1 将亚麻子油、枫糖浆、豆浆、盐倒入搅拌盆中。

2 用手动打蛋器将材料搅拌均匀。

3 将低筋面粉、可可粉、泡打粉、苏打粉筛至搅拌盆中。

4 以橡皮刮刀翻拌至无干粉的状态。

5 倒入榛果仁碎。

6 以橡皮刮刀翻拌均匀，制成面团。

7 将面团放在铺有油纸的烤盘上，用手按压成长条状的块。将烤盘放入已预热至170℃的烤箱中层，烤约25分钟。

8 取出烤至定型的面团，放至还有余温时，用刀切成大小一致的块，再放回已预热至170℃的烤箱中层，烤约10分钟即可。

豆浆热带水果脆饼

烤箱预热：170℃
烘烤时间：40 分钟
分量：2~3 人份

材料

亚麻子油 30 毫升，枫糖浆 30 克，豆浆 22 毫升，香草精 1 克，盐 0.5 克，低筋面粉 118 克，泡打粉 2 克，橙皮丁 22 克

步骤

1 将亚麻子油、枫糖浆、豆浆、香草精、盐倒入搅拌盆中，搅拌均匀。

2 将低筋面粉、泡打粉筛至搅拌盆中，以橡皮刮刀翻拌成无干粉的状态。

3 倒入橙皮丁，继续翻拌均匀，制成面团。

4 将面团放在铺有油纸的烤盘上，用手按压成长条状的块。

5 将烤盘放入已预热至 170℃ 的烤箱中层，烤约 25 分钟。

6 取出烤至定型的面团，放至还有余温时，用刀切成大小一致的块，再将切好的饼干块放回油纸上。

7 将烤盘放入已预热至 170℃ 的烤箱中层，继续烤约 15 分钟即可。

香蕉巧克力脆饼

材料

香蕉（去皮）30 克，芥花子油 30 毫升，蜂蜜 20 克，低筋面粉 90 克，泡打粉 1 克，核桃仁碎 15 克，巧克力碎 22 克

步骤

1 将香蕉倒入搅拌盆中，用手动打蛋器捣碎，加入芥花子油，搅拌均匀。

2 倒入蜂蜜，搅拌均匀。

3 将低筋面粉、泡打粉筛至搅拌盆中，以橡皮刮刀翻拌成无干粉的状态。

4 倒入核桃仁碎、巧克力碎，翻拌均匀，制成面团。

5 将面团揉成长条状，放在铺有油纸的烤盘上。

6 将烤盘放入已预热至 170℃ 的烤箱中层，烤 25 分钟。

7 取出烤至定型的面团，放至还有余温时，用刀切成大小一致的块，放回到油纸上。

8 将烤盘放入已预热至 170℃ 的烤箱中层，继续烤约 10 分钟即可。

烤箱预热：180℃
烘烤时间：10 分钟
分量：2~3 人份

蜂蜜燕麦饼干

材料

芥花子油 30 毫升，香草精 2 克，盐 0.5 克，蜂蜜 50 克，低筋面粉 60 克，燕麦粉 30 克，泡打粉 1 克

步骤

1 将芥花子油、香草精、盐、蜂蜜倒入搅拌盆中，用橡皮刮刀搅拌均匀。
2 将低筋面粉、燕麦粉、泡打粉筛入搅拌盆，翻拌至无干粉的状态，制成饼干面糊。
3 将饼干面糊装入套有圆齿裱花嘴的裱花袋中，用剪刀在裱花袋尖端处剪一个小口。
4 取出烤盘，铺上油纸，在油纸上挤出数个长度约为 8 厘米的饼干坯。
5 将烤盘放入已预热至 180℃ 的烤箱中层，烘烤约 10 分钟至上色，取出烤好的饼干即可。

蜂蜜碧根果饼干

材料

碧根果仁 20 克，芥花子油 30 毫升，蜂蜜 60 克，盐 0.5 克，低筋面粉 90 克，泡打粉 1 克

步骤

1　将碧根果仁装入塑料袋中，用擀面杖将其压碎。

2　将芥花子油、蜂蜜、盐倒入搅拌盆中，用橡皮刮刀搅拌均匀。

3　将低筋面粉、泡打粉筛至搅拌盆中。

4　倒入压碎的碧根果仁，用橡皮刮刀翻拌均匀，制成面团。

5　在料理台上铺保鲜膜，放上面团，用擀面杖将面团擀成厚薄一致的薄面皮。

6　用爱心模具在面皮上按压出数个饼干坯，放在铺有油纸的烤盘中。

7　将烤盘放入已预热至 180℃的烤箱中层，烤约 10 分钟，取出烤好的饼干即可。

豆浆饼

材料

枫糖浆 35 克，芥花子油 8 毫升，盐 0.5 克，豆浆 15 毫升，香草精 1 克，低筋面粉 75 克，泡打粉 1 克，红豆馅适量，黑芝麻 10 克

步骤

1　将枫糖浆、芥花子油、盐、豆浆、香草精倒入搅拌盆中，搅拌均匀。

2　将低筋面粉、泡打粉筛至搅拌盆中，以橡皮刮刀翻拌成无干粉的状态，制成饼干面团。

3　将饼干面团分成每个质量约 35 克的小面团，分别搓圆、按扁，各包入 20 克的红豆馅，搓成栗子形状的面团。

4　在面团大的一端粘上一层黑芝麻，制成豆浆饼坯。

5　将豆浆饼坯放在铺有油纸的烤盘中。

6　将烤盘放入已预热至 170℃ 的烤箱中层，烤约 20 分钟至上色，取出即可。

核桃可可饼干

材料

胡萝卜汁 40 毫升，蜂蜜 30 克，盐 1 克，低筋面粉 70 克，泡打粉 2 克，苏打粉 2 克，可可粉 10 克，核桃仁 30 克

步骤

1　将胡萝卜汁、蜂蜜、盐倒入搅拌盆中，用手动打蛋器搅拌均匀。

2　将低筋面粉、泡打粉、苏打粉筛入盆中，以橡皮刮刀翻拌至无干粉的状态。

3　倒入可可粉，继续翻拌均匀，再用手揉成面团，制成饼干面团。

4　将饼干面团分成每个质量约 30 克的小面团，分别搓圆、按扁。

5　将核桃仁按压在面团上，制成核桃可可饼干坯，放入铺有油纸的烤盘中。

6　将烤盘放入已预热至 180℃的烤箱中层，烤约 15 分钟至饼干上色，取出烤好的饼干即可。

葵花子萝卜饼干

烤箱预热：180℃
烘烤时间：15 分钟
分量：2~3 人份

材料

胡萝卜汁 30 毫升，芥花子油 30 毫升，蜂蜜 30 克，盐 1 克，低筋面粉 80 克，泡打粉 1 克，苏打粉 2 克，葵花子仁 30 克

步骤

1　将胡萝卜汁、芥花子油、蜂蜜、盐倒入搅拌盆中，用手动打蛋器搅拌均匀。

2　将低筋面粉、泡打粉、苏打粉筛入盆中，以橡皮刮刀翻拌至无干粉的状态。

3　倒入葵花子仁，揉成饼干面团。

4　将饼干面团分成每个质量约 30 克的小面团，分别搓圆、压扁，制成葵花子萝卜饼干坯。

5　将葵花子萝卜饼干坯放入铺有油纸的烤盘中。

6　将烤盘放入已预热至 180℃的烤箱中层，烤约 15 分钟至饼干上色，取出烤好的饼干，装入盘中即可。

花生饼干

材料

花生酱 20 克，芥花子油 30 毫升，蜂蜜 50 克，盐 1 克，低筋面粉 90 克，泡打粉 1 克，花生米碎 15 克

步骤

1. 将花生酱、芥花子油、蜂蜜、盐倒入搅拌盆中，用手动打蛋器搅拌均匀。
2. 将低筋面粉、泡打粉筛入盆中，以橡皮刮刀翻拌至无干粉的状态，制成饼干面团。
3. 将饼干面团分成每个质量约 30 克的小面团，分别搓圆、压扁，沾裹上一层花生米碎，制成花生饼干坯。
4. 将花生饼干坯放入铺有油纸的烤盘中。
5. 将烤盘放入已预热至 180℃的烤箱中层，烤约 15 分钟至饼干上色，取出烤好的饼干，装入盘中即可。

第三章

令人垂涎的素食司康

司康拥有和饼干一样的酥脆外皮，
和面包相似的有嚼劲口感，
它是介于饼干与面包两者之间的美味点心，
本章节将教您做出素食司康！

香蕉司康

烤箱预热：180℃
烘烤时间：25 分钟
分量：3 人份

材料

香蕉（去皮）100克，蜂蜜22克，芥花子油8毫升，清水40毫升，柠檬汁3毫升，盐0.5克，低筋面粉140克，泡打粉2克

步骤

1 将香蕉放入搅拌盆中，用小叉子碾成香蕉泥。

2 往搅拌盆中倒入蜂蜜、芥花子油、清水、柠檬汁。

3 用手动打蛋器将材料搅拌均匀。

4 倒入盐，搅拌均匀。

5 将低筋面粉、泡打粉筛至搅拌盆中。

6 用橡皮刮刀翻拌成无干粉的状态，揉成司康面团，再分成三个等量的面团。

7 取烤盘，铺上油纸，放入三个司康面团。

8 将烤盘放入已预热至180℃的烤箱中层，烤约25分钟，取出烤好的香蕉司康即可。

葡萄干司康

烤箱预热：180℃
烘烤时间：25 分钟
分量：4~6 人份

材料

蜂蜜 40 克，芥花子油 30 毫升，清水 40 毫升，葡萄汁 8 毫升，盐 2 克，低筋面粉 120 克，泡打粉 3 克，葡萄干 40 克

步骤

1 将蜂蜜、芥花子油、清水、葡萄汁倒入搅拌盆中。

2 倒入盐，搅拌均匀。

3 将低筋面粉、泡打粉筛至搅拌盆中。

4 用橡皮刮刀将盆中材料翻拌成无干粉的状态。

5 倒入葡萄干，继续翻拌均匀，制成面团。

6 从搅拌盆中取出面团，放在料理台上，用橡皮刮板将面团分切成六等份。

7 将分切好的面团放入铺有油纸的烤盘中。

8 将烤盘放入已预热至 180℃的烤箱中层，烤 25 分钟，取出烤好的司康即可。

蓝莓司康

烤箱预热：180℃
烘烤时间：20 分钟
分量：4~6 人份

材料

芥花子油 30 毫升，清水 70 毫升，蜂蜜 40 克，柠檬汁 8 毫升，柠檬皮碎 1 克，盐 0.5 克，泡打粉 2 克，低筋面粉 185 克，蓝莓干 40 克

步骤

1 将芥花子油、清水、蜂蜜、柠檬汁倒入搅拌盆中，用手动打蛋器搅拌均匀。

2 倒入柠檬皮碎、盐，搅拌均匀。

3 将泡打粉、低筋面粉筛至搅拌盆中，翻拌至无干粉的状态，揉成光滑的面团。

4 从搅拌盆中取出面团，放在料理台上，按扁，放上蓝莓干。

5 将面团揉均匀至表面变光滑，制成蓝莓司康面团。

6 用橡皮刮板将蓝莓司康面团分切成八等份。

7 取烤盘，铺上油纸，再放上切好的蓝莓司康面团。

8 将烤盘放入已预热至 180℃ 的烤箱中层，烤约 20 分钟，取出烤好的蓝莓司康即可。

迷你抹茶司康

材料

蜂蜜 40 克，芥花子油 25 毫升，清水 35 毫升，盐 1 克，低筋面粉 110 克，泡打粉 3 克，抹茶粉 5 克，杏仁片 30 克

步骤

1 将蜂蜜、芥花子油、清水倒入搅拌盆中。

2 倒入盐，搅拌均匀。

3 将低筋面粉、泡打粉、抹茶粉筛至搅拌盆中。

4 用橡皮刮刀翻拌至无干粉的状态。

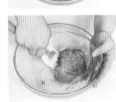

5 倒入杏仁片，继续翻拌均匀，制成抹茶司康面团。

6 从搅拌盆中取出抹茶司康面团，放在料理台上，用擀面杖将其擀平。

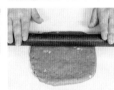

7 用刮板将面团分切成数个大小一致的小方块，放入铺有油纸的烤盘中。

8 将烤盘放入已预热至 180℃的烤箱中层，烘烤约 25 分钟即可。

香橙司康

烤箱预热：180℃
烘烤时间：25 分钟
分量：2~4 人份

材料

蜂蜜 20 克，芥花子油 30 毫升，清水 20 毫升，甜酒 5 毫升，盐 1 克，低筋面粉 140 克，泡打粉 2 克，香橙丁 12 克

步骤

1 将蜂蜜、芥花子油、清水、甜酒倒入搅拌盆中。

2 倒入盐，搅拌均匀。

3 将低筋面粉、泡打粉筛至搅拌盆中。

4 用橡皮刮刀将材料翻拌至无干粉的状态。

5 倒入香橙丁，翻拌均匀，揉光滑，制成香橙司康面团。

6 从搅拌盆中取出香橙司康面团，放在料理台上。

7 用刮板将其分成四等份，放入铺有油纸的烤盘中。

8 将烤盘放入已预热至180℃的烤箱中层，烤约25分钟即可。

第四章

充满自然气息的素食面包

面包拥有独特的酵母芬芳，
配合蔬菜或水果的自然香气，
完美地结合在一起，
给您带来不可思议的独特风味。

橄榄佛卡夏面包

烤箱预热：200℃
烘烤时间：15 分钟
分量：2~3 人份

材料

酵母粉 1 克，清水 45 毫升，高筋面粉 75 克，盐 2 克，蜂蜜 20 克，芥花子油 20 毫升，黑橄榄碎 5 克，黑橄榄适量

步骤

1 将酵母粉倒入装有清水的碗中，搅拌均匀，制成酵母水。

2 将高筋面粉筛至搅拌盆中，再倒入酵母水、盐、蜂蜜、芥花子油。

3 用橡皮刮刀将搅拌盆中的材料搅拌至无干粉的状态，制成面包面团。

4 从搅拌盆中取出面团，放在料理台上，反复揉和甩打，最后揉至面团表面光滑。

5 轻轻按扁面团，放上黑橄榄碎，继续揉至黑橄榄碎均匀分布在面团中。

6 将面团放入碗中，盖上保鲜膜，室温发酵约60分钟后，取出，放在料理台上。

7 将面团擀成厚度约2厘米的面皮，室温发酵约20分钟。

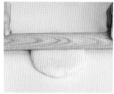

8 将面皮放入铺有油纸的烤盘中，用刷子蘸上少许芥花子油刷在面团表面。

9 将装饰用的黑橄榄对半切开，放在面团上，再次室温发酵约20分钟。

10 将烤盘放入已预热至200℃的烤箱中层，烘烤约15分钟即可。

水果比萨

材料

高筋面粉 120 克，酵母粉 2 克，清水 80 毫升，盐 1 克，植物油适量，苹果（切片）50 克，芒果（切丁）50 克，橘子肉 30 克，蜂蜜少许，开心果仁碎少许

步骤

1 将高筋面粉倒入搅拌盆中。

2 往装有酵母粉的小碗中倒入一半清水，搅拌均匀，制成酵母水。

3 将酵母水、剩余的清水倒入搅拌盆中，加入盐，翻拌至无干粉的状态，制成面团。

4 从搅拌盆中取出面团，揉至面团表面光滑，盖上保鲜膜，室温发酵约30分钟。

5 取出发酵好的面团，放在料理台上，用擀面杖擀成厚度为2厘米的面皮。

6 锅中倒入植物油加热，倒入苹果片、芒果丁，炒至上色，倒入橘子肉炒匀，盛出。

7 将面皮铺在平底锅上，将炒好的水果放在面皮上铺好，用小火煎出香味。

8 盖上锅盖，继续用小火煎至底部上色。

9 揭开锅盖，用喷枪烘烤水果表面。

10 继续煎一会儿，盛出比萨，装入盘中，表面淋少许蜂蜜，撒上开心果仁碎即可。

蔬菜比萨

煎制时间：约 20 分钟

分量：2~3 人份

材料

高筋面粉 120 克，酵母粉 2 克，清水 80 毫升，盐 1 克，植物油适量，胡萝卜（切片）适量，
熟玉米粒少许，黑橄榄（切圈）少许，腌黄瓜（切片）少许，葱花少许，葡萄干少许

步骤

1 将高筋面粉筛至搅拌盆中。

2 往装有酵母粉的小碗中倒入一半清水，拌匀，制成酵母水。

3 将酵母水、剩余的清水倒入搅拌盆中，加入盐，翻拌至无干粉的状态，制成面团。

4 继续揉面团至其表面光滑，盖上保鲜膜，室温发酵约30分钟。

5 取出发酵好的面团，放在料理台上，用擀面杖擀成厚度为2厘米的面皮。

6 平底锅中倒入植物油，烧热，放入胡萝卜片、熟玉米粒，翻炒至食材熟软，盛出。

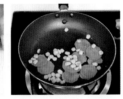

7 将面皮铺在平底锅中，铺上炒好的食材，再放上黑橄榄圈、腌黄瓜片。

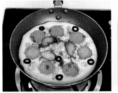

8 撒上少许葱花，盖上锅盖，用中小火煎约3分钟至比萨底部上色。

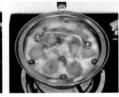

9 揭开锅盖，用喷枪烘烤蔬菜水果表面。

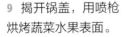
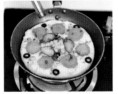

10 继续煎一会儿，盛出比萨，撒上少许葡萄干即可。

菠萝比萨

材料

高筋面粉 150 克，牛油果泥 30 克，蜂蜜 10 克，酵母粉 2 克，盐 2 克，清水 25 毫升，
菠萝片 65 克，开心果仁碎 5 克，橄榄油 5 毫升

步骤

1 将酵母粉倒入装有清水的碗中，搅拌均匀，制成酵母水。

2 将高筋面粉、盐放入搅拌盆中。

3 往盆中倒入酵母水、蜂蜜，将搅拌盆中的材料翻拌至无干粉的状态，制成面团。

4 从搅拌盆中取出面团，放在料理台上，揉匀，按扁，放上牛油果泥。

5 反复揉、甩打面团，至面团起筋，再揉至面团表面光滑。

6 将面团放回搅拌盆中，盖上保鲜膜，室温发酵约 30 分钟。

7 取出发酵好的面团，撒上少许高筋面粉（分量外），用擀面杖将面团擀成厚度为 2
   厘米的面皮，放入烤盘中。

8 在面皮表面放上一圈菠萝片，刷上橄榄油。

9 将烤盘放入已预热至 200℃ 的烤箱中层，烘烤约 20 分钟，取出后撒上一层开心果仁
   碎即可。

豆腐甜椒比萨

材料

高筋面粉 150 克，豆腐 65 克，甜椒酱 20 克，圣女果（切片）20 克，黑橄榄（切片）6 克，枫糖浆 15 克，白芝麻 4 克，酵母粉 1.5 克，盐 2 克，清水 90 毫升

步骤

1 将酵母粉倒入装有清水的碗中，搅拌均匀，制成酵母水。

2 将高筋面粉、盐倒入搅拌盆中，再倒入酵母水、枫糖浆。

3 用橡皮刮刀将搅拌盆中的材料翻拌至无干粉的状态，制成面团。

4 从搅拌盆中取出面团，放在料理台上，反复揉至面团起筋，再将面团揉至表面光滑。

5 将面团放回搅拌盆中，盖上保鲜膜，室温发酵约 30 分钟。

6 撕开保鲜膜，取出发酵好的面团，放在料理台上，撒上少许高筋面粉（分量外），用擀面杖将面团擀成厚度约 2 厘米的面皮，移入烤盘中。

7 用刷子沾上甜椒酱，均匀地刷在面皮表面。

8 将豆腐捣碎，再放在面皮上，用橡皮刮刀抹均匀。

9 放上一圈圣女果片，于圈内再放上黑橄榄片，撒上白芝麻，将烤盘放入已预热至 200℃的烤箱中层，烘烤约 15 分钟即可。

马格利酒面包

材料

全麦面粉 250 克，马格利酒 200 毫升，蜂蜜 30 克，干红枣（切碎）20 克，盐 2 克

✻ ✻ ✻ ✻ ✻ ✻ ✻ ✻ ✻ ✻ ✻

步骤

1 将蜂蜜、盐倒入马格利酒中，边倒边搅拌均匀，制成马格利甜酒液。

2 将全麦面粉倒入搅拌盆中，再倒入马格利甜酒液。

3 用手动搅拌器搅拌均匀，制成面糊。

4 取面包模具，铺上油纸，倒入面糊至六分满。

5 放上干红枣碎，往备好的蒸锅中注入清水，烧热，放入装有面糊的面包模。

6 盖上锅盖，用中火蒸约 30 分钟至面包熟软，取出蒸好的马格利酒面包，脱模，装入盘中即可。

面包条

材料

高筋面粉 120 克，酵母粉 2 克，清水 80 毫升，盐 3 克，迷迭香（干）少许，食用油适量

步骤

1 将高筋面粉倒入搅拌盆中。

2 往装有酵母粉的小碗中倒入一半的清水，搅拌均匀，制成酵母水。

3 将酵母水、剩余的清水倒入搅拌盆中，倒入盐，翻拌至无干粉状态，制成面团。

4 取出面团，揉至面团表面光滑，盖上保鲜膜，室温发酵约30分钟。

5 取出发酵好的面团，放在料理台上，用擀面杖擀成厚薄一致的长方形面皮。

6 将长方形面皮分切成宽度约为2厘米的长条。

7 平底锅中刷上食用油后烧热，放上几条切好的长条面皮，再在表面刷食用油。

8 撒上迷迭香，用小火煎3分钟至上色。

9 翻面，续煎3分钟至上色。继续将剩余的长条面皮煎好，制成面包条。

10 盛出煎好的面包条，装入盘中即可。

葵花子无花果面包

烤箱预热：200℃
烘烤时间：15 分钟
分量：4 人份

材料

酵母粉 1 克，清水 60 毫升，高筋面粉 90 克，盐 1 克，蜂蜜 5 克，无花果干（切块）40 克，葵花子仁 25 克，芥花子油 10 毫升

步骤

1 将酵母粉倒入装有清水的碗中，搅拌均匀，制成酵母水。

2 将高筋面粉倒入搅拌盆中，再倒入拌匀的酵母水、盐、芥花子油、蜂蜜。

3 用橡皮刮刀将搅拌盆中的材料翻拌至无干粉的状态，制成面团。

4 取出面团，放在料理台上，反复揉至面团起筋，再将面团揉至表面光滑。

5 将面团放回搅拌盆中，盖上保鲜膜，室温发酵约60分钟。

6 取出面团，放在料理台上，用刮板分切成四等份，室温发酵约15分钟。

7 将分切好的面团擀成面皮，放上无花果干，包裹后再将面团滚圆。

8 将面团表面刷上少许蜂蜜（分量外），再沾裹上葵花子仁。

9 将面团放入铺有油纸的烤盘中，室温发酵约40分钟。

10 将发酵好的面团放入已预热至200℃的烤箱中层，烤约15分钟，取出即可。

蜂蜜燕麦吐司

材料

酵母粉 1 克，高筋面粉 125 克，燕麦粉 50 克，盐 2 克，清水 100 毫升，碧根果仁 20 克，蜂蜜 25 克，芥花子油 20 毫升

步骤

1 将酵母粉倒入装有清水的碗中，搅拌均匀，制成酵母水。

2 将高筋面粉、燕麦粉、盐倒入搅拌盆中，再倒入酵母水、15毫升芥花子油、蜂蜜。

3 用橡皮刮刀将搅拌盆中的材料翻拌至无干粉的状态，制成面团。

4 取出面团，放在料理台上，反复揉至面团起筋，再将面团揉至表面光滑。

5 将面团放回搅拌盆中，盖上保鲜膜，室温发酵约 30 分钟。

6 撕开保鲜膜，取出面团，放在料理台上，用刮板将其分切成两个等量的小面团。

7 将小面团收口，搓成圆形，再擀成长圆形，卷成圆柱体，静置约 10 分钟。

8 将圆柱体面团面擀成长圆形面皮。

9 面皮表面放上碧根果仁，卷成圆柱体，制成蜂蜜燕麦吐司面团，放入吐司模具中，室温发酵约50分钟。

10 在面团表面刷剩余的芥花子油，放入预热至 200℃的烤箱中层，烤约 30 分钟，取出，脱模即可。

菠萝面包

烤箱预热：180℃
烘烤时间：20 分钟
分量：2~3 人份

材料

菠萝酥皮：

低筋面粉 60 克，杏仁粉 15 克，枫糖浆 20 克，芥花子油 30 毫升，花生酱 20 克，泡打粉 1 克

面包体：

酵母粉 1 克，豆浆 60 毫升，高筋面粉 75 克，盐 1 克，芥花子油 5 毫升

步骤

菠萝酥皮部分：

1 将花生酱、芥花子油、枫糖浆倒入搅拌盆中，用橡皮刮刀搅拌均匀。

2 将泡打粉、杏仁粉、低筋面粉筛至搅拌盆中，用橡皮刮刀翻拌至无干粉的状态，制成面团。

3 料理台上铺上保鲜膜，放上面团，用保鲜膜包裹面团，再将面团放入冰箱冷藏 30 分钟以上，制成菠萝酥皮面团。

面包体部分：

4 将酵母粉倒入装有豆浆的碗中，搅拌均匀，制成酵母豆浆。

5 将高筋面粉、盐、芥花子油倒入搅拌盆中。

6 将酵母豆浆倒入搅拌盆中，用橡皮刮刀翻拌至无干粉的状态，制成面团。

7 从搅拌盆中取出面团，放在料理台上，反复揉至面团起筋，再将面团揉至表面光滑。

8 将面团放回搅拌盆中，盖上保鲜膜，室温发酵约 30 分钟。

9 撕开保鲜膜，取出发酵好的面团，放在料理台上。

10 用刮板将面团分切成四个质量为 60 克的小面团。

11 将切好的小面团收口捏紧朝下，揉圆，制成面包坯。

12 将面包坯放入铺有油纸的烤盘中。

13 将冷藏好的酥皮面团取出，撕开保鲜膜，用刮板分切成四个质量为 20 克的小酥皮面团。

14 将小酥皮面团用手压扁后放在面包坯上，放入烤盘，室温发酵约 20 分钟。

15 将烤盘放入已预热至 180℃的烤箱中层，烤约 20 分钟即可。

燕麦肉桂面包卷

烤箱预热：180℃
烘烤时间：20 分钟
分量：4~6 人份

材料

高筋面粉 125 克，燕麦粉 35 克，蜂蜜 23 克，碧根果仁 20 克，芥花子油 15 毫升，肉桂粉 1 克，酵母粉 2 克，盐 2 克，清水 100 毫升

步骤

1 将酵母粉倒入装有清水的碗中，搅拌均匀，制成酵母水。

2 将高筋面粉、燕麦粉、盐倒入搅拌盆中，再倒入芥花子油、15克蜂蜜、酵母水。

3 用橡皮刮刀将搅拌盆中的材料翻拌至无干粉的状态，制成面团。

4 从搅拌盆中取出面团，放在料理台上，反复揉至面团起筋、表面光滑。

5 将面团放入碗中，盖上保鲜膜，发酵约30分钟。

6 撕开保鲜膜，取出面团，放在料理台上。

7 用擀面杖将面团擀成长圆形的面皮，再用手将面皮一边压实，紧贴料理台。

8 将肉桂粉倒入剩余的蜂蜜中，搅拌均匀，用刷子刷在面皮表面。

9 在面皮上撒上碧根果仁，再将面皮由前往后卷成圆柱体。

10 用刮板将面团分切成四等份的梯形面团。

11 将梯形面团放入铺有油纸的烤盘中，再用筷子在面团中间压出痕迹，发酵约30分钟。

12 将烤盘放入已预热至180℃的烤箱中层，烘烤约20分钟即可。

全麦椒盐面包圈

烤箱预热：200℃
烘烤时间：20 分钟
分量：2~3 人份

材料

面包体：

酵母粉 2 克，清水 90 毫升，高筋面粉 100 克，燕麦粉 50 克，盐 2 克，芥花子油 10 毫升，蜂蜜 8 克，黑胡椒碎 2 克

步骤

1 将酵母粉倒入装有清水的碗中,搅拌均匀,制成酵母水。

2 将高筋面粉、燕麦粉、盐、芥花子油、蜂蜜倒入搅拌盆中,加入酵母水、黑胡椒碎。

3 用橡皮刮刀将搅拌盆中的材料翻拌成无干粉状,制成面团。

4 从搅拌盆中取出面团,放在料理台上,反复揉至面团起筋、表面光滑。

5 将面团放回搅拌盆中,盖上保鲜膜,室温发酵15分钟,取出面团,放在料理台上。

6 将面团分成两等份,再分别揉圆。

7 将两个面团分别擀成长圆形的面皮,再用手将面皮一边压实,紧贴料理台。

8 将面皮从外往里卷起,然后搓成长条。

9 将长条面团的两端交叉成"只"字状。

10 将"只"字面团的上端回折,与下端贴合捏紧,翻面后制成心形面团。

11 将心形面团放入铺有油纸的烤盘中,室温发酵约30分钟。

12 将烤盘放入预热至200℃的烤箱中层,烘烤约20分钟即可。

水果干面包

材料

全麦面粉 150 克，蔓越莓干 15 克，芥花子油 10 毫升，清水 50 毫升，葡萄干 10 克，核桃仁 10 克，盐 1.5 克，酵母粉 1 克

步骤

1 将酵母粉倒入装有清水的碗中，搅拌均匀，制成酵母水。

2 将全麦面粉倒入搅拌盆中，再倒入拌匀的酵母水、芥花子油、盐。

3 用橡皮刮刀将材料翻拌至无干粉的状态，制成面团。

4 从搅拌盆中取出面团，放在料理台上，反复揉至面团起筋、表面光滑。

5 按扁面团，放上蔓越莓干、葡萄干、核桃仁，揉至面团与干果、果干完全融合。

6 将面团揉圆，放回搅拌盆中，盖上保鲜膜，室温发酵约 60 分钟。

7 将发酵好的面团取出，撒少许高筋面粉（分量外）擀成长圆形，卷起，再搓成长条。

8 将长条面团放入铺有油纸的烤盘中，室温发酵 40 分钟。

9 在发酵好的面团表面刷上豆浆（分量外）。

10 将烤盘放入已预热至 200℃的烤箱中层，烘烤约 25 分钟，取出，切片即可。

咖喱面包

材料

馅料：

咖喱 35 克，青椒丁 15 克，胡萝卜丁 15 克，洋葱丁 15 克，盐 1 克，芥花子油少许

面团：

高筋面粉 150 克，豆浆 60 毫升，枫糖浆 15 克，酵母粉 2 克，芥花子油 15 毫升，盐 2 克

步骤

1 平底锅中倒入少许芥花子油烧热，放入青椒丁、胡萝卜丁、洋葱丁翻炒出香味。

2 倒入咖喱、1克盐，翻炒至食材熟软，制成馅料，盛出，装入碗中，备用。

3 将酵母粉倒入装有豆浆的碗中，搅拌均匀，制成酵母豆浆。

4 将高筋面粉、2克盐倒入搅拌盆中，再倒入酵母豆浆、20毫升芥花子油、枫糖浆。

5 用橡皮刮刀翻拌至无干粉的状态，制成面团。

6 取出面团，放在料理台上，反复揉和甩打至面团起筋，再将面团揉至表面光滑。

7 将面团放回搅拌盆中，盖上保鲜膜，室温发酵约30分钟后擀成厚度约2厘米的面皮。

8 用手将面皮一边压实，紧贴料理台，将馅料放在面皮上，用橡皮刮刀抹均匀。

9 将面皮从外向内卷成圆柱体，放入烤盘中，用刀在面团上斜切几刀，露出内馅，室温发酵约40分钟。

10 将烤盘放入预热至180℃的烤箱中层，烘烤约20分钟，取出即可。

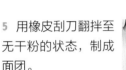

第五章

不需要鸡蛋也能做的蛋糕

不使用鸡蛋，
也能做出松软美味的蛋糕，
各种天然蔬果，咸甜适口，
满足您挑剔的舌尖！

胡萝卜蛋糕

材料

蛋糕糊：

芥花子油 40 毫升，枫糖浆 40 克，豆浆 75 毫升，盐 1 克，胡萝卜丝 90 克，全麦面粉 70 克，泡打粉 1 克，苏打粉 0.5 克

内馅：

豆腐 300 克，枫糖浆 30 克，柠檬汁 10 毫升，柠檬皮碎 5 克

步骤

1 将芥花子油、枫糖浆、豆浆、盐倒入搅拌盆中，用手动打蛋器搅拌均匀。

2 倒入胡萝卜丝，搅拌均匀。

3 筛入全麦面粉、泡打粉、苏打粉，翻拌至无干粉的状态，制成蛋糕糊。

4 将蛋糕糊倒入 6 寸中空蛋糕模具中，轻轻震几下，再用橡皮刮刀将表面抹平整。

5 将模具放入已预热至 180℃的烤箱中层，烤约 35 分钟，取出，放凉，脱模。

6 将脱模的蛋糕放在转盘上，用齿刀切成厚薄一致的两片蛋糕片。

7 豆腐倒入搅拌盆中，用电动打蛋器搅打成泥，倒入枫糖浆、柠檬皮碎、柠檬汁，搅拌均匀，制成蛋糕馅。

8 将适量蛋糕馅抹在其中一片蛋糕上，盖上另一片蛋糕，将剩余蛋糕馅均匀涂抹在蛋糕表面，抹均匀即可。

巧克力蛋糕

材料

低筋面粉 100 克，巧克力碎 20 克，豆浆 100 毫升，枫糖浆 50 克，芥花子油 30 毫升，可可粉 5 克，泡打粉 2 克，盐 1 克

步骤

1 将枫糖浆、芥花子油、豆浆倒入搅拌盆中，用手动打蛋器搅拌均匀。

2 倒入盐，继续拌匀。

3 将低筋面粉、泡打粉、可可粉筛至盆中，用橡皮刮刀翻拌成无干粉的面糊，制成蛋糕糊。

4 取蛋糕纸杯，倒入蛋糕糊至九分满。

5 往蛋糕糊上撒上巧克力碎。

6 将蛋糕纸杯放入蛋糕模具内。

7 移入已预热至 180℃的烤箱中层，烤约 18 分钟即可。

柠檬椰子纸杯蛋糕

材料

椰浆 100 毫升，椰子粉 40 克，豆浆 40 毫升，低筋面粉 70 克，枫糖浆 60 克，芥花子油 35 毫升，泡打粉 1 克，苏打粉 1 克，柠檬汁 10 毫升，盐 0.5 克

步骤

1 将椰浆、豆浆、枫糖浆、芥花子油、柠檬汁、盐倒入搅拌盆中，用手动打蛋器搅拌均匀。

2 将椰子粉、泡打粉、苏打粉、低筋面粉筛至搅拌盆中，搅拌至无干粉的状态，制成蛋糕糊。

3 将蛋糕糊装入裱花袋里，用剪刀在裱花袋尖端处剪一个小口。

4 将蛋糕纸杯放入蛋糕烤盘中，把蛋糕糊挤在蛋糕纸杯里，至七分满。

5 将蛋糕烤盘放入已预热至 180℃ 的烤箱中层，烤约 25 分钟即可。

胡萝卜巧克力纸杯蛋糕

烤箱预热：180℃
烘烤时间：16 分钟
分量：4~6 人份

材料

蛋糕糊：

熟胡萝卜泥 200 克，低筋面粉 90 克，芥花子油 30 毫升，可可粉 15 克，枫糖浆 70 克，豆浆 80 毫升，泡打粉 2 克，盐 0.5 克

装饰材料：

可可粉 30 克，豆浆 78 毫升，枫糖浆 10 克

步骤

1 将枫糖浆 70 克、芥花子油、豆浆 80 毫升、盐、熟胡萝卜泥倒入搅拌盆中拌匀。

2 将低筋面粉、可可粉、泡打粉筛至搅拌盆中，翻拌成无干粉的状态，制成蛋糕糊。

3 将蛋糕糊装入裱花袋里，再用剪刀在裱花袋尖端处剪一个小口。

4 将蛋糕糊挤入蛋糕纸杯中，放入已预热至 180℃的烤箱中层，烘烤约 16 分钟。

5 往装有 78 毫升豆浆的碗里倒入可可粉，搅拌均匀。

6 倒入 10 克枫糖浆，继续搅拌均匀，制成装饰材料。

7 取出烤好的纸杯蛋糕放在转盘上，用抹刀将装饰材料抹在蛋糕上，用抹刀尖端轻轻拉起内馅。

8 依次完成剩余的蛋糕，装入盘中即可。

绿茶蛋糕

烤箱预热：180℃
烘烤时间：45 分钟
分量：4 人份

材料

蛋糕糊：

低筋面粉 80 克，红豆汁 80 毫升，蜂蜜 60 克，柠檬汁 5 毫升，绿茶粉 8 克，泡打粉 2 克，芥花子油 30 毫升，红豆泥适量

步骤

1 将芥花子油、蜂蜜倒入搅拌盆中。

2 倒入柠檬汁，用手动打蛋器搅拌均匀。

3 倒入红豆汁，边倒边搅拌均匀。

4 将低筋面粉、绿茶粉、泡打粉筛至搅拌盆中，搅拌均匀，制成面糊。

5 将蛋糕糊装入裱花袋中，用剪刀在裱花袋尖端处剪一个小口。

6 取蛋糕纸杯，挤入蛋糕糊至七分满，放入烤盘中。

7 将烤盘放入已预热至 180℃的烤箱中层，烤约 45 分钟。

8 取出烤好的绿茶蛋糕，将装入裱花袋的红豆泥挤在绿茶蛋糕表面即可。

豆浆恶魔蛋糕

材料

蛋糕糊：

芥花子油 30 毫升，豆浆 120 毫升，枫糖浆 50 克，柠檬汁 8 毫升，盐 0.5 克，低筋面粉 60 克，可可粉 15 克，泡打粉 1 克，苏打粉 1 克

豆腐奶油：

豆腐 350 克，豆浆 140 毫升，可可粉 20 克，黑巧克力豆 100 克，枫糖浆 37 克，盐 0.5 克

装饰：

防潮可可粉适量，蓝莓适量

步骤

蛋糕糊：

1 将芥花子油、豆浆、50 克枫糖浆、柠檬汁、盐倒入搅拌盆中，用手动打蛋器搅拌均匀。

2 将低筋面粉、可可粉、泡打粉、苏打粉筛至搅拌盆中，翻拌成无干粉的面糊，制成蛋糕糊。

3 将蛋糕糊倒入铺有油纸的蛋糕模内至五分满。

4 将蛋糕糊放入已预热至 180℃的烤箱中层，烤约 45 分钟。

豆腐奶油：

5 将豆腐倒入搅拌盆中，用电动打蛋器搅打成泥，放入豆浆、可可粉和盐，搅打均匀。

6 将黑巧克力豆隔热水融化，倒入搅拌盆中，搅打均匀。

7 倒入 37 克枫糖浆，用手动打蛋器搅拌均匀，制成豆腐奶油。

装饰：

8 取出烤好的蛋糕，待放凉后脱模，放在转盘上，用锯齿刀将蛋糕切成厚薄一样的两片蛋糕片。

9 将一片蛋糕片放在碗中，倒入适量豆腐奶油，再放一片蛋糕片，倒入剩余的豆腐奶油，抹平。

10 将装有蛋糕的碗放入冰箱冷藏 3 小时以上，取出，在蛋糕表面筛上一层防潮可可粉，放上适量蓝莓做装饰即可。

豆腐慕斯蛋糕

烤箱预热：180℃
烘烤时间：10 分钟
分量：2~3 人份

材料

蛋糕糊：

芥花子油 30 毫升，豆浆 30 毫升，枫糖浆 35 克，柠檬汁 2 毫升，盐 1 克，低筋面粉 60 克，可可粉 15 克，泡打粉 1 克，苏打粉 1 克

慕斯馅：

豆腐渣 250 克，枫糖浆 30 克

装饰：

开心果仁碎适量

步骤

1 将芥花子油、豆浆、35 克枫糖浆、柠檬汁、盐倒入搅拌盆中，搅拌均匀。

2 筛入低筋面粉、可可粉、泡打粉、苏打粉，翻拌至无干粉的状态，制成蛋糕糊。

3 烤盘铺油纸，放上慕斯圈后倒入蛋糕糊，定型后移走慕斯圈，以 180℃ 烘烤约 10 分钟。

4 取出烤好的蛋糕，放凉后用慕斯圈按压蛋糕，去掉多余的边角料。

5 将豆腐渣、30 克枫糖浆倒入另一搅拌盆中，搅拌均匀，制成慕斯馅。

6 将一块蛋糕放在铺有保鲜膜的慕斯圈中，倒入慕斯馅至八分满。

7 再盖上一块蛋糕，移入冰箱冷藏 3 小时以上，取出冷藏好的豆腐慕斯蛋糕。

8 将冷藏好的豆腐慕斯蛋糕脱模，放入盘中，撒上开心果仁碎做装饰即可。

红薯豆浆蛋糕

材料

蒸熟的红薯 250 克，豆浆 100 毫升，芥花子油 30 毫升，枫糖浆 6 克，低筋面粉 80 克，泡打粉 2 克，苏打粉 1 克

步骤

1. 将蒸熟的红薯、豆浆倒入搅拌机中，搅打成泥，制成豆浆红薯泥。

2. 将豆浆红薯泥倒入搅拌盆中。

3. 加入芥花子油、枫糖浆，用手动打蛋器搅拌均匀。

4. 将低筋面粉、泡打粉、苏打粉筛至搅拌盆里，用手动打蛋器搅拌至无干粉的状态，制成蛋糕糊。

5. 将蛋糕糊倒入铺有油纸的蛋糕模中至七分满。

6. 将蛋糕模放入已预热至 180℃ 的烤箱中层，烤约 40 分钟，取出烤好的红薯豆浆蛋糕，放凉后脱模即可。

无需烤箱
无需烘烤
分量：1人份

提拉米苏豆腐蛋糕

（具体制作方法见 P86）

材料

红薯豆浆蛋糕适量（具体制作方法见 P86），豆腐 150 克，豆浆 30 毫升，枫糖浆 23 克，清水 15 毫升，咖啡粉适量，可可粉少许，碧根果仁少许

步骤

1. 将豆腐、豆浆、15 克枫糖浆倒入搅拌机中，搅打成泥。
2. 将搅打好的材料倒入搅拌盆中，制成蛋糕糊。
3. 用清水将咖啡粉调匀，加入 8 克枫糖浆，搅拌均匀，制成咖啡糖浆。
4. 将红薯豆浆蛋糕切成丁，装入杯中，刷上咖啡糖浆。
5. 将蛋糕糊倒在红薯豆浆蛋糕丁上，用橡皮刮刀将表面抹平。
6. 将可可粉筛至蛋糕糊表面，放上碧根果仁点缀即可。

蜂蜜柠檬杯子蛋糕

烤箱预热：170℃
烘烤时间：25~30 分钟
分量：4 人份

材料

低筋面粉 150 克，蜂蜜 42 克，豆浆 60 毫升，柠檬汁 6 毫升，泡打粉 2 克，植物性淡奶油 100 克，柠檬 4 小片

步骤

1 将低筋面粉过筛至碗中，加入泡打粉、蜂蜜，倒入豆浆。

2 放入柠檬汁，搅拌均匀，制成蛋糕糊。

3 将搅拌好的蛋糕糊装入裱花袋中。

4 取出蛋糕纸杯，挤入蛋糕糊至八分满。

5 放入已预热至170℃的烤箱中间，烤约 25 ~ 30 分钟，取出。

6 将淡奶油倒入大玻璃碗中，用电动搅拌器搅打至九分发。

7 将已打发的淡奶油装入套有圆齿裱花嘴的裱花袋里，挤在蛋糕表面上。

8 再插上一小片柠檬片即可。

黄豆黑巧克力蛋糕

烤箱预热：180℃
烘烤时间：45 分钟
分量：4~6 人份

材料

蛋糕糊：

水发黄豆 150 克，清水 20 毫升，枫糖浆 70 克，黑巧克力 100 克，可可粉 15 克，柠檬汁 15 毫升，泡打粉 2 克，苏打粉 1 克

装饰：

薄荷叶少许，红枣（对半切开）适量

步骤

1 将水发黄豆倒入搅拌机中，搅打成泥。

2 倒入清水、枫糖浆，再次用搅拌机搅打均匀，倒入搅拌盆中。

3 将黑巧克力切成小块后装入玻璃碗中，再隔 55℃ 的温水熔化，制成巧克力液。

4 将巧克力液倒入步骤 2 中的搅拌盆中。

5 倒入可可粉，用橡皮刮刀翻拌至无干粉的状态。

6 倒入柠檬汁、泡打粉、苏打粉，搅拌均匀，即成蛋糕糊。

7 将蛋糕糊倒入铺有油纸的 6 寸蛋糕模中至七分满。

8 将蛋糕模放入已预热至 180℃ 的烤箱中层，烘烤约 45 分钟，取出放凉脱模，装饰薄荷叶和红枣即可。

香橙磅蛋糕

材料

芥花子油 30 毫升，蜂蜜 50 克，盐 0.5 克，柠檬汁 7 毫升，香橙汁 80 毫升，低筋面粉 70 克，淀粉 15 克，泡打粉 1 克，热带水果干 20 克

步骤

1 将芥花子油、蜂蜜倒入搅拌盆中，用手动打蛋器搅拌均匀。

2 倒入盐、柠檬汁，搅拌均匀。

3 倒入香橙汁，搅拌均匀。

4 将低筋面粉、淀粉、泡打粉筛至搅拌盆中，搅拌至无干粉的状态，制成面糊。

5 往面糊中倒入热带水果干，搅拌均匀，制成蛋糕糊。

6 取蛋糕模具，倒入蛋糕糊。

7 将蛋糕模具放入已预热至 180℃的烤箱中层，烤约 35 分钟。

8 取出烤好的香橙磅蛋糕，脱模后切块，装入盘中即可。

苹果蛋糕

烤箱预热：180℃
烘烤时间：15 分钟
分量：2~3 人份

材料

低筋面粉 120 克，苹果丁 45 克，苹果汁 120 毫升，淀粉 15 克，芥花子油 30 毫升，蜂蜜 40 克，泡打粉 1 克，苏打粉 1 克，杏仁片少许

步骤

1 将芥花子油、蜂蜜倒入搅拌盆中，用手动打蛋器搅拌均匀。

2 倒入苹果汁，搅拌均匀。

3 将低筋面粉、淀粉、泡打粉、苏打粉筛至搅拌盆中，搅拌至无干粉的状态。

4 倒入苹果丁，搅拌均匀，制成苹果蛋糕糊。

5 将苹果蛋糕糊装入裱花袋，用剪刀在裱花袋尖端处剪一个小口。

6 取蛋糕杯，挤入苹果蛋糕糊至八分满。

7 撒上杏仁片。

8 将蛋糕杯放入烤盘中，再将烤盘移入已预热至 180℃ 的烤箱中层，烤约 15 分钟即可。

玉米蛋糕

烤箱预热：180℃
烘烤时间：40 分钟
分量：2~3 人份

材料

玉米面碎：

芥花子油 10 毫升，细砂糖 1 克，玉米粉 10 克，低筋面粉 25 克

蛋糕糊：

低筋面粉 120 克，玉米汁 140 毫升，蜂蜜 20 克，玉米粉 15 克，芥花子油 25 毫升，泡打粉 1 克，苏打粉 1 克，盐 1 克

步骤

1 将细砂糖、10 毫升芥花子油倒入搅拌盆中，用叉子拌匀。

2 倒入 10 克玉米粉、25 克低筋面粉，搅拌至无干粉的状态，制成玉米面碎。

3 将蜂蜜、25 毫升芥花子油倒入另一搅拌盆中，用手动打蛋器搅拌均匀。

4 倒入盐，搅拌均匀。

5 倒入玉米汁，搅拌均匀。

6 筛入 15 克玉米粉、泡打粉、苏打粉、120 克低筋面粉，搅拌均匀，制成蛋糕糊。

7 取出磅蛋糕模具，倒入蛋糕糊，再用擦网将玉米面碎擦成丝后铺在蛋糕糊表面。

8 将模具放入烤盘中，再移入已预热至 180℃ 的烤箱中层，烤约 40 分钟，取出，放凉,脱模,装盘即可。

无糖椰枣蛋糕

烤箱预热：180℃
烘烤时间：35 分钟
分量：4~6 人份

材料

芥花子油 30 毫升，椰浆 30 毫升，南瓜汁 200 毫升，盐 0.5 克，低筋面粉 160 克，泡打粉 2 克，苏打粉 2 克，干红枣（去核）10 克，碧根果仁 15 克

步骤

1 将芥花子油、椰浆倒入搅拌盆中，用手动打蛋器搅拌均匀。

2 倒入南瓜汁、盐，搅拌均匀。

3 将低筋面粉、泡打粉、苏打粉过筛至搅拌盆中。

4 搅拌至无干粉的状态，制成蛋糕糊。

5 将蛋糕糊倒入铺有油纸的蛋糕模中。

6 铺上干红枣，撒上捏碎的碧根果仁。

7 将蛋糕模放在烤盘上，再移入已预热至 180℃ 的烤箱中层，烤约 35 分钟。

8 取出烤好的无糖椰枣蛋糕，脱模后装盘即可。

红枣蛋糕

烤箱预热：180℃
烘烤时间：30 分钟
分量：2~3 人份

材料

蜂蜜60克,芥花子油40毫升,红枣汁140毫升,盐1克,低筋面粉87克,全麦粉50克,泡打粉1克,苏打粉1克,无花果块25克

步骤

1 将蜂蜜、芥花子油倒入搅拌盆中,用手动打蛋器搅拌均匀。

2 倒入红枣汁,搅拌均匀。

3 倒入盐,搅拌均匀。

4 将低筋面粉、全麦粉、泡打粉、苏打粉过筛至搅拌盆中。

5 用手动打蛋器搅拌至无干粉的状态,制成面糊。

6 倒入无花果块,拌匀,制成蛋糕糊。

7 将蛋糕糊倒入铺有油纸的磅蛋糕模具中。

8 将磅蛋糕模具放入烤盘中,移入已预热至180℃的烤箱中层,烘烤约30分钟即可。

樱桃燕麦蛋糕

烤箱预热：180℃
烘烤时间：35 分钟
分量：4~6 人份

材料

燕麦面碎：

蜂蜜 10 克，芥花子油 15 毫升，低筋面粉 40 克，燕麦片 5 克

蛋糕糊：

蜂蜜 30 克，芥花子油 15 毫升，柠檬汁 3 毫升，樱桃汁 140 毫升，全麦粉 100 克，低筋面粉 50 克，泡打粉 3 克，苏打粉 2 克，樱桃（去核切半）15 克

步骤

1 将 10 克蜂蜜、15 毫升芥花子油倒入搅拌盆中，用叉子搅拌均匀。

2 倒入 40 克低筋面粉，搅拌至无干粉的状态。

3 倒入燕麦片，搅拌均匀，制成燕麦面碎。

4 另取一个搅拌盆，倒入 30 克蜂蜜、15 毫升芥花子油、柠檬汁，搅拌均匀。

5 搅拌盆中再倒入樱桃汁，搅拌均匀。

6 筛入全麦粉、50 克低筋面粉、泡打粉、苏打粉，搅拌成无干粉的状态,制成蛋糕糊。

7 将蛋糕糊倒入铺有油纸的蛋糕模具中，在蛋糕糊表面铺上一层燕麦面碎，再放上樱桃。

8 将蛋糕模具放入烤盘中，再移入已预热至 180℃的烤箱中层，烤 35 分钟即可。

樱桃开心果杏仁蛋糕

烤箱预热: 180℃
烘烤时间: 20 分钟
分量: 2~3 人份

材料

蜂蜜 60 克,芥花子油 8 毫升,低筋面粉 15 克,杏仁粉 75 克,清水少许,泡打粉 2 克,开心果仁碎 4 克,新鲜樱桃 60 克

步骤

1 将蜂蜜、芥花子油倒入搅拌盆中,用手动打蛋器搅拌均匀。

2 将低筋面粉、杏仁粉筛至盆中,用橡皮刮刀翻拌至无干粉的状态。

3 倒入少许清水,翻拌均匀。

4 倒入泡打粉,继续拌匀,制成蛋糕糊。

5 将蛋糕糊装入裱花袋中,用剪刀在裱花袋尖端处剪一个小口。

6 取蛋糕模具,放入蛋糕纸杯,挤入蛋糕糊至七分满。

7 撒上开心果仁碎,放上新鲜樱桃。

8 将蛋糕模具放入已预热至 180℃的烤箱中层,烤约 20 分钟即可。

抹茶玛德琳蛋糕

烤箱预热：180℃
烘烤时间：20 分钟
分量：2~3 人份

材料

芥花子油 40 毫升，蜂蜜 50 克，清水 120 毫升，柠檬汁 8 毫升，低筋面粉 128 克，抹茶粉 5 克，泡打粉 2 克

步骤

1 将芥花子油、蜂蜜、清水倒入搅拌盆中，用手动打蛋器搅拌均匀。

2 倒入柠檬汁，搅拌均匀。

3 将低筋面粉筛入搅拌盆中。

4 筛入抹茶粉、泡打粉。

5 搅拌均匀，制成蛋糕糊，装入裱花袋中，用剪刀在裱花袋尖端处剪一个小口。

6 取玛德琳模具，挤入蛋糕糊。

7 将玛德琳模具放入已预热至180℃的烤箱中层，烤约20分钟。

8 取出烤好的蛋糕，放凉，脱模，装入盘中即可。

黑加仑玛德琳蛋糕

烤箱预热：180℃
烘烤时间：20 分钟
分量：2~3 人份

材料

低筋面粉 70 克，黑加仑浓缩液 30 毫升，芥花子油 40 毫升，蜂蜜 50 克，泡打粉 2 克，清水 30 毫升，盐 1 克

步骤

1 将芥花子油、蜂蜜、清水倒入搅拌盆中，搅拌均匀。

2 将黑加仑浓缩液加入搅拌盆中，用手动打蛋器搅拌均匀。

3 倒入盐，拌匀。

4 将低筋面粉、泡打粉筛至搅拌盆中，搅拌至无干粉的状态，制成蛋糕糊。

5 将蛋糕糊装入裱花袋中，用剪刀在裱花袋的尖端处剪一个小口。

6 取玛德琳蛋糕模具，挤入蛋糕糊。

7 将玛德琳蛋糕模具放入已预热至 180℃ 的烤箱中层，烤约 20 分钟。

8 将烤好的黑加仑玛德琳蛋糕取出，脱模后装入盘中即可。

红枣玛德琳蛋糕

烤箱预热：180℃
烘烤时间：10 分钟
分量：2~3 人份

材料

蜂蜜50克，芥花子油40毫升，红枣汁100毫升，盐1克，低筋面粉70克，可可粉8克，泡打粉1克

步骤

1 将蜂蜜、芥花子油倒入搅拌盆中，用手动打蛋器搅拌均匀。

2 倒入红枣汁，边倒边搅拌均匀。

3 倒入盐，搅拌均匀。

4 将低筋面粉、可可粉、泡打粉筛至盆中，搅拌成无干粉的状态，制成蛋糕糊。

5 将蛋糕糊装入裱花袋中，用剪刀在裱花袋的尖端处剪一个小口。

6 取玛德琳蛋糕模具，挤入蛋糕糊。

7 轻轻震几下玛德琳蛋糕模具，使蛋糕糊更加平整。

8 将玛德琳蛋糕模具放入已预热至180℃的烤箱中层，烤约10分钟即可。

柠檬玛德琳蛋糕

烤箱预热：180℃
烘烤时间：10 分钟
分量：4~6 人份

材料

低筋面粉 80 克，柠檬汁 30 毫升，清水 30 毫升，蜂蜜 40 克，泡打粉 2 克，盐 1 克，芥花子油 40 毫升

步骤

1 将蜂蜜、芥花子油倒入搅拌盆中，用手动打蛋器搅拌均匀。

2 倒入柠檬汁、清水，边倒边搅拌均匀。

3 倒入盐，搅拌均匀。

4 将低筋面粉、泡打粉筛至盆中，搅拌至无干粉的状态，制成蛋糕糊。

5 将蛋糕糊装入裱花袋中，用剪刀在裱花袋尖端处剪一个小口。

6 取玛德琳蛋糕模具，挤入蛋糕糊。

7 轻轻震几下玛德琳蛋糕模具，使蛋糕糊更加平整。

8 将玛德琳蛋糕模具放入已预热至 180℃的烤箱中层，烤约 10 分钟即可。

南瓜巧克力蛋糕

烤箱预热：180℃
烘烤时间：20 分钟
分量：3~5 人份

材料

熟南瓜 350 克，低筋面粉 45 克，巧克力豆 120 克，蜂蜜 60 克，可可粉 15 克，泡打粉 1 克

步骤

1 将熟南瓜倒入搅拌盆，用电动打蛋器搅打成泥。

2 倒入巧克力豆，继续搅打均匀。

3 倒入蜂蜜，用手动打蛋器搅拌均匀。

4 将低筋面粉、可可粉、泡打粉筛至搅拌盆中。

5 用手动打蛋器搅拌均匀，制成蛋糕糊，倒入铺有油纸的蛋糕模具内。

6 将蛋糕模具放入已预热至 180℃ 的烤箱中层，烤约 20 分钟，取出，脱模即可。

第六章

素食派和挞

馅料满满的素食派，
挞皮酥脆的素食挞，滋味诱人！
本章将为您介绍美味又特别的
素食派和素食挞！

豆浆椰子布丁派

烤箱预热：180℃
烘烤时间：20分钟
分量：3~5人份

材料

派皮：

芥花子油60毫升，枫糖浆40克，低筋面粉120克，泡打粉2克

派馅：

豆腐200克，豆浆300毫升，枫糖浆60克，椰子粉30克，淀粉20克，低筋面粉20克，椰丝40克

步骤

1 将芥花子油、40克枫糖浆倒入搅拌盆中，用手动打蛋器搅拌均匀。

2 筛入泡打粉、120克低筋面粉，用橡皮刮刀翻拌至无干粉的状态，制成派皮面团。

3 取出派皮面团，包好保鲜膜，用擀面杖擀成厚度约4毫米的面皮。

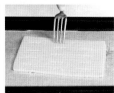

4 用正方形慕斯圈压出正方形的面皮，放入烤盘中，用叉子在面皮表面戳出孔。

5 放入已预热至180℃的烤箱中层，烘烤约10分钟，取出，放凉，备用。

6 将豆腐、豆浆、60克枫糖浆放入搅拌机中，搅打成浆，倒入搅拌盆中。

7 筛入椰子粉、淀粉、20克低筋面粉，搅拌至无干粉的状态，制成面糊。

8 取一个平底锅，倒入面糊，边加热边搅拌至面糊浓稠，制成派馅。

9 用保鲜膜包住正方形慕斯圈做底，放入派皮，再倒入派馅至七分满，抹平表面。

10 椰丝放入已预热至180℃的烤箱中层，烘烤约10分钟，取出后撒在步骤9的成品上。

11 将正方形慕斯圈放入冰箱冷藏约6小时，制成豆浆椰子布丁派。

12 取出豆浆椰子布丁派，脱模，切块，装入盘中即可。

蓝莓派

烤箱预热：180℃
烘烤时间：10 分钟
分量：3~5 人份

材料

派皮：

芥花子油 20 毫升，枫糖浆 30 克，低筋面粉 90 克，泡打粉 2 克

派馅：

豆腐 100 克，枫糖浆 22 克

装饰：

蓝莓 20 克

步骤

1 将芥花子油、30 克枫糖浆倒入搅拌盆中，用手动打蛋器搅拌均匀。

2 将低筋面粉、泡打粉筛至搅拌盆中，翻拌成无干粉的状态，制成派皮面团。

3 将派皮面团放在铺有保鲜膜的料理台上，用擀面杖擀成厚度约 4 毫米的面皮。

4 将面皮扣在派模上，压实，用刀将派模上多余的面皮去掉。

5 用叉子在面皮表面戳透气孔，放入已预热至 180℃的烤箱中层，烘烤约 10 分钟。

6 将豆腐、22 克枫糖浆倒入搅拌机中，搅打成泥，制成派馅。

7 取出烤好的派皮，待放凉后脱模。

8 将派派馅倒入派皮中至八分满，放上蓝莓做装饰即可。

南瓜派

烤箱预热：180℃
烘烤时间：10 分钟
分量：3~5 人份

材料

派皮：

芥花子油30毫升，枫糖浆20克，盐0.5克，杏仁粉15克，低筋面粉60克，泡打粉2克，苏打粉2克

派馅：

南瓜 150 克，豆腐 100 克，盐 0.5 克，枫糖浆 22 克

装饰：

杏仁碎少许，干红枣块少许

步骤

1 将芥花子油、20克枫糖浆、0.5克盐倒入搅拌盆中，用手动打蛋器搅拌均匀。

2 将杏仁粉、低筋面粉、泡打粉、苏打粉筛至搅拌盆中，翻拌成无干粉的面团。

3 取出面团，放在铺有保鲜膜的料理台上，用擀面杖擀成厚度为4毫米的面皮。

4 将面皮铺入派模中，压实，去掉派模边上多余的面皮，在面皮表面戳透气孔。

5 将派模放入已预热至180℃的烤箱中层，烤约10分钟。

6 将蒸熟的南瓜装入过滤网中，用橡皮刮刀按压，沥干水分，倒入搅拌机中。

7 搅拌机中再倒入豆腐、0.5克盐、22克枫糖浆，搅打成泥，制成派馅。

8 将派馅装入裱花袋中，用剪刀在裱花袋尖端处剪一个小口。

9 取出烤好的派皮，挤入派馅至九分满。

10 放上红枣块、杏仁碎做装饰即可。

无花果派

烤箱预热：180℃
烘烤时间：40 分钟
分量：3~5 人份

材料

派皮：

低筋面粉 60 克，芥花子油 30 毫升，枫糖浆 20 克，杏仁粉 15 克，泡打粉 2 克，盐 0.5 克，苏打粉 2 克

派馅：

杏仁粉 50 克，低筋面粉 10 克，泡打粉 2 克，枫糖浆 30 克，芥花子油 10 毫升，豆浆 50 毫升，无花果干（对半切）适量

步骤

1 将 30 毫升芥花子油、20 克枫糖浆、盐倒入搅拌盆中，用手动打蛋器搅拌均匀。

2 筛入 15 克杏仁粉、60 克低筋面粉、2 克泡打粉、苏打粉，翻拌均匀，制成派皮面团。

3 取出面团，放在铺有保鲜膜的料理台上，用擀面杖擀成厚度为 4 毫米的面皮。

4 将面皮铺入派模中，压实，去掉派模边上多余的面皮，在面皮表面戳透气孔。

5 将派模放入已预热至 180℃的烤箱中层，烘烤约 10 分钟，取出烤好的派皮。

6 将 30 克枫糖浆、10 毫升芥花子油、豆浆倒入搅拌盆中，边倒边搅拌均匀。

7 将 50 克杏仁粉、2 克泡打粉、10 克低筋面粉过筛至搅拌盆中，用手动打蛋器搅拌均匀，制成派馅。

8 派皮中倒入派馅至七分满，再放上无花果干，移入预热至 180℃的烤箱中层，烘烤约 30 分钟即可。

牛油果派

烤箱预热：180℃
烘烤时间：10 分钟
分量：3~5 人份

材料

派皮：

低筋面粉 90 克，蜂蜜 30 克，芥花子油 20 毫升，泡打粉 2 克

派馅：

牛油果 40 克，柠檬汁 3 毫升，清水 3 毫升

装饰：

菠萝片适量，樱桃少许

步骤

1 将芥花子油、蜂蜜倒入搅拌盆中，用手动打蛋器搅拌均匀。

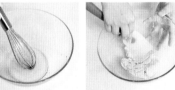

2 将低筋面粉、泡打粉筛至搅拌盆中，翻拌至无干粉的状态，制成派皮面团。

3 取出面团，放在铺有保鲜膜的料理台上，将面团擀成厚度为 4 毫米的面皮。

4 将面皮铺入派模中，压实，去掉派模边上多余的面皮，在面皮表面戳透气孔。

5 将派模放入已预热至 180℃的烤箱中层，烘烤约 10 分钟，取出烤好的派皮。

6 将牛油果、清水、柠檬汁倒入搅拌机中，搅打成泥，制成派馅。

7 将烤好的派皮脱模，再倒入派馅至八分满，用橡皮刮刀将表面抹平。

8 将菠萝片摆在派馅上，再放上樱桃做装饰即可。

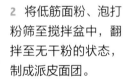
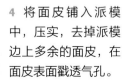
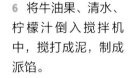

烤箱预热：180℃
烘烤时间：10 分钟
分量：4 人份

菠萝派

材料

低筋面粉 90 克，蜂蜜 90 克，芥花子油 20 毫升，泡打粉 2 克，植物奶油 62 克，杏仁粉 62 克，菠萝片适量，南瓜子（烤过）少许

步骤

1. 将芥花子油、30 克蜂蜜倒入搅拌盆中，用手动打蛋器搅拌均匀。
2. 将低筋面粉、泡打粉筛至搅拌盆中，翻拌至无干粉的状态，制成派皮面团。
3. 取出面团，放在铺有保鲜膜的料理台上，将面团擀成厚度为 4 毫米的面皮。
4. 将面皮铺入派模中，压实，去掉派模边上多余的面皮，在面皮表面戳透气孔。
5. 将派模放入已预热至 180℃ 的烤箱中层，烘烤约 10 分钟，取出烤好的派皮。
6. 将植物奶油、60 克蜂蜜、杏仁粉倒入大玻璃碗中，以橡皮刮刀翻拌至无干粉，再用手动搅拌器搅打均匀，装入烤好的派皮里，用抹刀抹匀。
7. 将切好的菠萝放在杏仁内馅上摆成一圈，中间放上对半切开的草莓，撒上切碎的南瓜子做装饰即可。

烤箱预热：180℃
烘烤时间：10 分钟
分量：4 人份

石榴派

材料

低筋面粉 90 克，蜂蜜 90 克，芥花子油 20 毫升，泡打粉 2 克，植物奶油 62 克，杏仁粉 62 克，石榴（1 个）190 克，椰粉少许

步骤

1　将芥花子油、30 克蜂蜜倒入搅拌盆中，用手动打蛋器搅拌均匀。

2　将低筋面粉、泡打粉筛至搅拌盆中，翻拌至无干粉的状态，制成派皮面团。

3　取出面团，放在铺有保鲜膜的料理台上，将面团擀成厚度为 4 毫米的面皮。

4　将面皮铺入派模中，压实，去掉派模边上多余的面皮，在面皮表面戳透气孔。

5　将派模放入已预热至 180℃的烤箱中层，烘烤约 10 分钟，取出烤好的派皮。

6　将植物奶油、60 克蜂蜜、杏仁粉倒入大玻璃碗中，以橡皮刮刀翻拌至无干粉，再用手动搅拌器搅打均匀。

7　将杏仁内馅装入烤好的派皮里，用抹刀抹匀。将石榴放在杏仁内馅上，撒上椰粉做装饰即可。

迷你草莓挞

烤箱预热：180℃
烘烤时间：15 分钟
分量：4~6 人份

材料

挞皮：

低筋面粉 120 克，枫糖浆 40 克，芥花子油 60 毫升，泡打粉 2 克

挞馅：

低筋面粉 60 克，枫糖浆 30 克，芥花子油 10 毫升，豆浆 50 毫升，泡打粉 2 克

装饰：

草莓丁 25 克

步骤

1 将60毫升芥花子油、40克枫糖浆倒入搅拌盆中，用手动打蛋器搅拌均匀。

2 将120克低筋面粉、2克泡打粉筛至搅拌盆里，翻拌成无干粉的状态，制成面团。

3 取出面团，包上保鲜膜，用擀面杖将其擀成厚度为5毫米的面皮。

4 撕开保鲜膜，用圆形模按压出数个挞皮坯，去掉多余的面皮。

5 取蛋挞模具，撒上少许面粉，将取下的派皮坯放在蛋挞模具中，使其贴合模具。

6 另取一个干净的搅拌盆，倒入10毫升芥花子油、30克枫糖浆、豆浆，搅拌均匀。

7 将60克低筋面粉、2克泡打粉筛至盆里，搅拌成无干粉的面糊，制成挞馅。

8 将挞馅装入裱花袋中，用剪刀在裱花袋尖端处剪一个小口。

9 往派皮上挤入挞馅至八分满。

10 放上草莓丁，移入已预热至180℃的烤箱中层，烤约15分钟即可。

坚果挞

材料

挞皮：

低筋面粉 120 克，枫糖浆 40 克，芥花子油 60 毫升，泡打粉 2 克

挞馅：

核桃仁碎 30 克，蔓越莓干 12 克，蓝莓干 15 克，杏仁 20 克，玉米片 15 克，蜂蜜 50 克，薄荷叶少许

步骤

1 将 60 毫升芥花子油、40 克枫糖浆倒入搅拌盆中，用手动打蛋器搅拌均匀。

2 将 120 克低筋面粉、2 克泡打粉筛至搅拌盆里，翻拌成无干粉状态，制成面团。

3 取挞模，撒上少许低筋面粉。

4 将面团分成 35 克一个的小面团，再搓成球，放入挞模内，贴合挞模的内壁。

5 用叉子均匀插上一些孔，放入已预热至 180℃的烤箱中层，烤约 25 分钟。

6 将核桃仁碎、蔓越莓干、蓝莓干、杏仁、玉米片装入碗中，放入蜂蜜，翻拌均匀。

7 取出烤好的挞皮，放凉，将坚果馅装入挞皮内，再放上薄荷叶做装饰即可。

芒果慕斯挞

材料

低筋面粉 120 克，枫糖浆 40 克，芥花子油 60 毫升，泡打粉 2 克，芒果泥 100 克，蜂蜜 60 克，布丁粉 8 克，吉利丁片（切成小块）5 克，白兰地 2 毫升，植物淡奶油 100 克，已打发植物淡奶油 80 克

步骤

1 将 60 毫升芥花子油、40 克枫糖浆、120 克低筋面粉、2 克泡打粉拌匀成面团。

2 将面团分成三份，放入挞模内，放入已预热至 180℃的烤箱中烤 25 分钟，取出。

3 将吉利丁片浸水泡软，沥干水分后再隔热水拌成泥。

4 将芒果泥、吉利丁泥倒入大玻璃碗中，边倒入白兰地，边搅拌均匀，制成芒果糊。

5 将植物淡奶油、20 克蜂蜜倒入干净的碗中，用电动搅拌器搅打至六分发。

6 将芒果糊倒入打发的植物淡奶油中，拌匀成慕斯糊，装入裱花袋里。

7 平底锅中倒入 50 毫升清水、布丁粉、剩余蜂蜜，开中火，拌匀，制成布丁液。

8 将布丁液过滤至盘中，再放入冰箱冷藏 30 分钟至布丁液凝固成布丁。

9 将慕斯糊挤在挞皮里至八分满。用模具按压出 3 个圆形布丁，再放在慕斯糊上。

10 在在挞皮与布丁的缝隙间均匀挤上一圈已打发的植物淡奶油即可。

第七章

尝试用素食点心当早餐

素食是适合现代人的一种健康饮食方式，
将素食点心与早餐完美地结合在一起，
让您的早餐吃得美味又健康，
在一天的黄金时段补充绿色健康能量！

胡萝卜松饼

烤箱预热：180℃
烘烤时间：30 分钟
分量：4~6 人份

材料

胡萝卜汁 170 毫升，低筋面粉 147 克，蜂蜜 60 克，芥花子油 35 毫升，泡打粉 1 克，苏打粉 1 克，盐 0.5 克

步骤

1 将芥花子油、蜂蜜倒入搅拌盆中，用手动打蛋器搅拌均匀。

2 倒入胡萝卜汁，搅拌均匀。

3 倒入盐，拌匀。

4 将低筋面粉、泡打粉、苏打粉筛至盆中，搅拌成无干粉的状态，制成面糊。

5 将面糊装入裱花袋中，用剪刀在裱花袋尖端处剪一个小口。

6 取松饼模具，放上纸杯，挤入面糊至八分满。

7 将松饼模具放入已预热至 180℃ 的烤箱中层，烤约 30 分钟。

8 取出烤好的胡萝卜松饼，脱模后装盘即可。

蓝莓松饼

烤箱预热：180℃
烘烤时间：30 分钟
分量：2~4 人份

材料

低筋面粉 120 克，蓝莓汁 120 毫升，蓝莓 25 克，淀粉 15 克，芥花子油 30 毫升，泡打粉 1 克，苏打粉 1 克，柠檬汁 3 毫升，盐 0.5 克

步骤

1 将芥花子油、柠檬汁、蓝莓汁倒入搅拌盆中。

2 倒入盐，拌匀。

3 将低筋面粉、泡打粉、苏打粉、淀粉筛至搅拌盆中，搅拌成无干粉的面糊。

4 将面糊装入裱花袋中，用剪刀在裱花袋尖端处剪一个小口，将面糊挤入纸杯中。

5 将松饼纸杯放入烤盘中。

6 将蓝莓放在面糊上。将烤盘放入已预热至 180℃ 的烤箱中层，烤约 30 分钟，取出即可。

香蕉燕麦松饼

烤箱预热：180℃
烘烤时间：30 分钟
分量：2~3 人份

材料

香蕉汁 100 毫升，香蕉片 20 克，低筋面粉 60 克，燕麦粉 22 克，芥花子油 15 毫升，泡打粉 1 克，苏打粉 1 克，蜂蜜 30 克

步骤

1 将芥花子油、蜂蜜倒入搅拌盆中，用手动打蛋器搅拌均匀。

2 倒入香蕉汁，搅拌均匀。

3 筛入低筋面粉、燕麦粉、泡打粉、苏打粉，搅拌成无干粉的面糊。

4 将面糊装入裱花袋中，用剪刀在裱花袋尖端处剪一个小口。

5 取松饼纸杯，挤入面糊至九分满。

6 将松饼纸杯放入烤盘中。

7 将香蕉片放在面糊上。

8 将烤盘放入已预热至 180℃的烤箱中层，烤约 30 分钟，取出即可。

南瓜营养条

烤箱预热：180℃
烘烤时间：20 分钟
分量：3~5 人份

材料

低筋面粉 160 克，南瓜泥 250 克，南瓜子 8 克，碧根果仁碎 10 克，蔓越莓干碎 10 克，蜂蜜 30 克，芥花子油 20 毫升，泡打粉 1 克

步骤

1 将芥花子油、蜂蜜倒入搅拌盆中，用手动打蛋器搅拌均匀。

2 倒入南瓜泥，搅拌均匀。

3 筛入低筋面粉、泡打粉，搅拌至无干粉的状态。

4 倒入蔓越莓干碎、碧根果仁碎，搅拌均匀，制成面糊。

5 取蛋糕模具，铺上油纸，用橡皮刮刀将拌匀的面糊刮入蛋糕模具内，抹平。

6 在面糊表面铺上一层南瓜子，将蛋糕模具放入烤盘中。

7 将烤盘移入已预热至180℃的烤箱中层，烤约 20 分钟，取出切条即可。

燕麦营养条

烤箱预热：170℃
烘烤时间：30 分钟
分量：3~5 人份

材料

低筋面粉 80 克，燕麦粉 30 克，即食燕麦片 55 克，芥花子油 30 毫升，蜂蜜 30 克，清水 130 毫升，泡打粉 1 克，蔓越莓干 20 克

步骤

1 将芥花子油、蜂蜜、清水倒入搅拌盆中，用手动打蛋器搅拌均匀。

2 将燕麦粉、低筋面粉、泡打粉筛至搅拌盆中。

3 用手动打蛋器搅拌至无干粉的状态。

4 倒入即食燕麦片、蔓越莓干，搅拌均匀，制成面糊。

5 取方形模具，铺上油纸，倒入面糊，用橡皮刮刀抹平表面。

6 将方形模具放入烤盘中。

7 将烤盘移入已预热至 170℃的烤箱中层，烘烤约 30 分钟。

8 取出后将成品脱模，切成条，即成燕麦营养条。

全麦薄煎饼

材料

高筋面粉 150 克，豆腐条 100 克，生菜叶 35 克，圣女果（对半切）30 克，蜂蜜 15 克，芥花子油 10 毫升，清水 80 毫升，盐 3 克

步骤

1 将高筋面粉、盐倒入搅拌盆中，再倒入蜂蜜、芥花子油、清水。

2 用橡皮刮刀将盆中材料翻拌成无干粉的面团。

3 取出面团，放在料理台上，反复揉和甩打至面团起筋，再揉至面团表面光滑。

4 将面团放回搅拌盆中，盖上保鲜膜，静置约30分钟。

5 平底锅中注入少许芥花子油烧热，放入豆腐条，用中小火煎至两面呈金黄色,盛出。

6 撕开保鲜膜，取出面团，放在料理台上，用刮板切成两等份的小面团。

7 将切好的面团收口，轻轻按扁，再用擀面杖将其擀成厚度为5毫米的面皮。

8 平底锅中注入少许芥花子油烧热，放入面皮。

9 用中小火煎至两面呈金黄色，制成薄饼，盛入盘中。

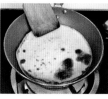

10 面皮上叠放生菜叶、圣女果、豆腐条，用面皮包住食材，包上油纸，再用绳子固定即可。

蔬菜三明治

材料

吐司 3 片，香菇片 40 克，圣女果片 20 克，洋葱条 20 克，碧根果仁碎 8 克，土豆片 40 克，生菜叶 8 克，芥花子油 8 毫升，盐 1 克

步骤

1 平底锅加热，放入吐司煎至两面呈金黄色，盛出待用。

2 平底锅中倒入芥花子油加热，倒入香菇片煎至熟软，盛出待用。

3 平底锅中再倒入少许芥花子油加热，倒入洋葱条煎至熟软，盛出待用。

4 平底锅中倒入芥花子油加热，放土豆片煎至上色，放盐，煎至熟软。

5 取一片煎好的吐司装盘，铺部分生菜叶、香菇片、洋葱条、圣女果片，撒碧根果仁碎。

6 盖上两片煎熟的土豆片。

7 盖上另一片吐司，轻轻压一下。

8 以同样的方式铺材料，盖上最后一片吐司即可。

土豆番茄豌豆三明治

材料

吐司 2 片，番茄块 50 克，蒸熟土豆块 150 克，水煮豌豆 20 克，核桃仁碎 8 克，黄芥末酱 20 克

✳ ✳ ✳ ✳ ✳ ✳ ✳ ✳ ✳ ✳

步骤

---

1 将蒸熟的土豆块倒入搅拌盆中，用擀面杖将其捣碎成泥。

2 搅拌盆中挤入一点黄芥末酱，继续将食材捣碎。

3 取一片吐司放入盘中，用抹刀将适量捣碎的土豆泥涂抹在吐司上。

4 沿着吐司对角线摆放上番茄块。

5 放上水煮豌豆。

6 将剩余的土豆泥涂抹在上面，用抹刀抹匀。

7 撒上一层核桃仁碎，沿着对角线按"Z"字形挤上黄芥末酱。

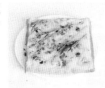

8 盖上另一片吐司，用齿刀沿着对角线切开，装入盘中即可。

豆浆法式吐司

材料

全麦吐司（对半切）4 片，豆浆 150 毫升，姜黄粉 5 克，枫糖浆 8 克，盐 0.5 克

步骤

1 将豆浆倒入搅拌盆中。

2 放入枫糖浆。

3 倒入盐、姜黄粉。

4 用橡皮刮刀将搅拌盆中的材料搅拌均匀，制成面糊。

5 用筷子夹住全麦吐司片，放入搅拌盆中蘸满面糊。

6 加热平底锅，放入蘸满面糊的吐司片。

7 将吐司煎至两面呈金黄色即可。